Patrick Avrane

福尔摩斯与
无意识侦探

（法）帕特里克·阿夫纳拉 著

姜余　黄可以 译　严和来 校

Sherlock Holmes & Cie

Détectives de l'inconscient

GUANGXI NORMAL UNIVERSITY PRESS
广西师范大学出版社
·桂林·

福尔摩斯与无意识侦探
FUERMOSI YU WUYISHI ZHENTAN

策　　划：叶　子@我思工作室
责任编辑：叶　子
装帧设计：何　萌
内文制作：王璐怡

Patrick Avrane, Sherlock Holmes & Cie–Détectives de l'inconscient
© Éditions Campagne Première, 2012
Simplified Chinese translation copyright © 2022 by Guangxi Normal University
Press Group Co., Ltd.
著作权合同登记号桂图登字：20-2021-321 号

图书在版编目（CIP）数据

　　福尔摩斯与无意识侦探 /（法）帕特里克·阿夫纳拉著;
姜余, 黄可以译. -- 桂林：广西师范大学出版社,
2022.3
　　（我思万象）
　　ISBN 978-7-5598- 4572-6

　　Ⅰ . ①福… Ⅱ . ①帕… ②姜… ③黄… Ⅲ . ①精神分析
—通俗读物 Ⅳ . ①B84-065

　　中国版本图书馆 CIP 数据核字（2021）第 266103 号

广西师范大学出版社出版发行

（广西桂林市五里店路 9 号　邮政编码：541004）
（网址：http://www.bbtpress.com）
出版人：黄轩庄
全国新华书店经销
山东临沂新华印刷物流集团有限责任公司印刷
（临沂高新技术产业开发区新华路　邮政编码：276017）
开本：635 mm × 960 mm　1/16
印张：13　　　　　　字数：125 千
2022 年 3 月第 1 版　　2022 年 3 月第 1 次印刷
定价：49.00 元

中文版前言

19 世纪末，伦敦，大英帝国的首都，生于 1859 年的阿瑟·柯南·道尔在此行医。他是一名年轻医生，也是一个天主教徒，却在一个基督教国家行医。诊所门庭冷落，他有许多闲暇，于是就用写小说来打发时间。《血字研究》出版于 1887 年，这是福尔摩斯和他的同伴华生医生的第一次亮相。新的人物诞生了。这个侦探让他的创作者赢得大名。从此，他们的冒险誉满全球，超越了大英帝国的国境线。

同一时期，维也纳，奥匈帝国的首都，生于 1856 年的西格蒙德·弗洛伊德在此行医。他也是一名年轻医生并且是犹太人，却在一个天主教国家行医。他与传统医学决裂了。1899 年，他出版了《梦的解析》，这是第一项精神分析性质的研究成果。从此，西格蒙德·弗洛伊德的生活就与他的众多发现融为一体了。精神分析家，这个由他创造的角色，逐渐声名显赫，超越了奥地利的国境线。

巧合绝非偶然。把这两个人的命运联结起来的，并不是一个简单的心灵感应游戏。阿瑟·柯南·道尔和西格蒙德·弗洛伊德都是医生，所以他们都关心人间疾苦。他们都接受了在那个时代占上风的理性主义的训练，对解决那时的常见问题都已经驾轻就熟。他们定居在各自帝国的中心，对于当时所有的最新发明与发现，也都了然于心。他们并不供奉宗教神明，而且他们家庭的宗教也与他们定居地的宗教不同，这就可能有助于他们超越传统的信仰。他们对真理的追求需要一种新的实践，一种新的职业。福尔摩斯不仅是一个小说人物，也是现代调查员的原型，许多警察都承认这一点。福尔摩斯说："我有自己的职业，可能是世界上独一无二的。"[1]他补充说，一些令人绝望的案件被送过来，"就像医生有时会把他们无法治愈的病人送到江湖郎中那儿一样"[2]。这两个论断都非常适合西格蒙德·弗洛伊德：在其职业生涯的早期，他接待的那些患癔症的女人，她们的病症，用其他方法治疗都没有效果。

细心倾听前来咨询的人，明了他们的请求，通过分析一些看似无关紧要的迹象，发现隐藏的东西。在西方，侦探和精神分析家是古代占卜、神谕等祭司传统的一部分。然而，与后者不同的是，他们不依赖上帝，不依赖任何宗教信仰。阿瑟·柯南·道尔和西格蒙德·弗洛伊德，两个 19 世纪科学主义的孩子，都是非常世俗的。解决之道不是求助于任何彼岸，而是使用一种成熟的技术，一种在各个方面均得到证明的技术。

1950 年，醉心于中国文化的荷兰外交官高罗佩（Robert van Gulik），出版了一系列关于狄公的侦探小说。这个人物的原型是唐朝的士大夫狄仁杰。在中国，关于他的探案故事在 18 世纪已经是小说创作的主要素材。从本质上说，这个古代调查官的工作模式与阿瑟·柯南·道尔所描述的模式具有相似性。但有所不同的是，被我们今天定义为幻想的维度，在狄仁杰的故事里是显的：他会遇到一些鬼魂，尤其是被害者的鬼魂；他也做梦，但这是那些死者，

1　《血字研究》，第二章。
2　《退休的颜料商》。

那些在传说当中存在的鬼魂给他托梦，向他表明一些信息。

弗洛伊德的或者福尔摩斯的方法与这个观念是彻底决裂的。当主人公做梦时，他们的梦是他们自己的。死者或者灵魂没有给他们带来任何东西，这些梦属于梦者，这些梦是主体的话语，这些梦见证着此人的无意识欲望。如果鬼魂现身，并不是死者的幽灵从他们的坟墓中飘了出来，并不是死去的灵魂获得身形，而是消失的意识或无意识的记忆在扰动主体。这当然是一种现实，但却是精神现实；是幻想的，绝不是鬼怪的。

这样，我们就可以从夏洛克·福尔摩斯的冒险中读出精神分析的活力源泉，这些冒险有着世俗的维度。重要的可能不是解开谜团，而是为了解开谜团所进行的必要行动，为了治疗（不仅仅是调查）能够实施而进行的必要行动。柯南·道尔的那些故事可以被解读为精神分析动力学的具象表现。

然而，作家创作的是一个虚构人物，弗洛伊德发明的则是一种实践，经由精神分析家们的推行，这一实践已遍及世界各地。前者并未面对一个警察的现实（确切地说，他试图这样去做，但并未成功），但是后者被临床的迫切性推动着，他从未停止过修改理论，以至于今天，我们也还在修改理论的过程中。在这一点上，两位创造者分道扬镳了。阿瑟·柯南·道尔离开了其创作的小说主人公的科学逻辑，开始相信鬼魂、灵媒，开始相信与游魂的沟通。他开始热衷于通灵论。他可以忘记自己创作的人物，那些充满理性的、被认为具有弗洛伊德式理性的人物。因为这些人物只不过是纸上的存在，而精神分析家是活生生的存在。弗洛伊德的理论不是建立在文学之上的，他从不间断地参考着临床，而临床拒绝仙女们的在场。

从儒勒·凡尔纳的《格兰特船长的儿女》开始，我尝试着阐释与一位精神分析家在第一次会面期间发生的事情：请求的表达。同样，我也理解了《奇妙的旅行》成功的原因之一，他们对待读者，就像精神分析家在分析当中对待来访者那样。[1]通过对达芙妮·杜穆里埃《蝴蝶梦》的阅读，我可以更好地理解身体形象的概念。马塞尔·普鲁斯特的《让·桑德伊》以及《盖尔芒特家那边》，让我勾勒出"孤独存在的能力"的形象[2]，而"孤独存在的能力"是精神分析家唐纳德·温尼科特提出的概念。弗洛伊德一直认为作家的创作会证实精神分析的发现，因为作家的发现总是比精神分析家领先一步。

"但我们得停在这儿了，否则的话，我们可能就真的忘记了哈罗德和格拉迪瓦只是一本小说中的人物。"[3]弗洛伊德在他关于威廉姆·詹森的《格拉迪瓦》（*Gradiva*）的论文中总结道。这些被创作出来的人物，他们不是来找精神分析家咨询的人，忘记了这一点，就会忽略一个事实：根本性的东西存在于临床中。

Patrick Avrave

帕特里克·阿夫纳拉

2021 年 12 月

1　（法）帕特里克·阿夫纳拉：《倾听时刻：精神分析室里的孩子》，第三章，严和来、黄可以译，姜余校，广西师范大学出版社，2020 年。

2　（法）帕特里克·阿夫纳拉：《房子：当无意识在场》，第三、四章，乔菁、严和来译，姜余校，广西师范大学出版社，2021 年。

3　（奥）西格蒙德·弗洛伊德：《W. 詹森的〈格拉迪瓦〉中的谵妄与梦》（*Le délire et les rêves dans la Gradiva de W. Jensen*），巴黎，伽利玛出版社，1986 年，第 245 页。

目　录

序　言

　　书写是为了被阅读，言说是为了被听见。同一个时代，两个男人，两位医生，阿瑟·柯南·道尔和西格蒙德·弗洛伊德，创造了全新的实践，影响力持续至今。前者凭借其笔下的代表性人物——夏洛克·福尔摩斯和他的搭档华生而声名大噪，吸引了一群他作为历史小说家所期待的读者。而后者猜测，在病人的话语背后，有着一套隐藏的辞说。他们以各自的方式，拷问人类灵魂的谜题。

　　精神分析不是刑事侦查。然而，分析家的艺术和侦探的艺术一样，都建立在一种相遇之上，即与惊讶和意外的相遇。这种相遇从来就不出现在人们预期的地方。弗洛伊德和柯南·道尔虽然时有防御的姿态，但他们都接受了意外。他们甚至将意外视为实践的核心。夏洛克·福尔摩斯的成功，在于他没有循规蹈矩地遵循警方的规则。他对于显而易见的事实持怀疑态度，如同弗洛伊德怀疑那些表面上的话语。两个作者都为了一种特定的实践放弃医学，转而拷问人的欲望。他们成了各自领域的奠基性人物。

　　诚然，弗洛伊德与柯南·道尔所从事的活动各有侧重。精神分析家和作家一样，不应该被自己从事的工作欺骗。尽管如此，在写作和生活、追寻知识和对公正的理解之间进行持续的摆荡，让他们都进入理解的欲望之中，并与我们分享这一欲望。精神分析家的扶手椅与躺椅的形象，侦探的手杖和鸭舌帽的形象，都成为我们文化的一部分。他们被铭记，因为他们在一定程度上具象化了人们认识、解决或治愈的意愿。这种意愿让人成为人，无论人们是否意识到。

第一章　城市中的相遇

　　场景在 1880 年的伦敦。一位不久前在战场上受伤、从印度驻军中退役的医生正在酒吧里忧心忡忡。酒店必须退房，生活也无着落，回到英国以后再也不能像之前那样随心所欲地花钱了。他无意间遇见了一个以前共事的外科医生助手。助手见到医生时，后者消瘦黝黑。医生讲述了自己的遭遇，自己的伤势和之后感染的伤寒，讲述了他孤独的生活，以及必须找个住处的困难。于是，助手带他去见一个被形容为有点奇怪的人，此人正寻找合租房客。助手告诫医生：

　　　　"这事是您要我安排的，到时候处不来可别怪到我头上。"

　　　　"如果处不来我们分开就是了。"华生医生回答道。[1]

　　"分开就是了"，这话说得轻巧，还略显傲慢。有些人一旦相

1　阿瑟·柯南·道尔（Arthur Conan Doyle）：《血字研究》，第一章。引自英法双语版《福尔摩斯探案集》（*Les Aventures de Sherlock Holmes*），巴黎，Omnibus 出版社，2005 年，第三卷。作为参考文献，之前的法语翻译常常有误。我不标注页码，只标明小说标题和章节编号（如果有章节划分的话），并不再重复版本信息。

遇，彼此就很难分开了。华生似乎还不知道，在《血字研究》开篇的这几行文字之后，夏洛克·福尔摩斯侦探的非凡冒险就永远和他绑在了一起。从此以后，这对搭档也成为作者柯南·道尔人生的一部分。

树　立[1]

因为遇见了小斯坦福，无家可归的华生医生有了固定住所。斯坦福的职业其实和我们以前的习惯译法有所不同，他不是一名男护士，不是 a male nurse 或 a medical orderly，而是一个外科医生助手，a dresser。柯南·道尔曾断言他不会"讨巧地选择一个体现人物性格的名字"[2]，所以他很反感根据人物的职务或性格特点给人取名。不过他还是创造了热爱挑战的查林杰教授（Challenger，意为挑战者），也找到华生这个暗含安定意味的姓氏，它很适合这个"稳重、不卖弄的男人"[3]。作者虽然不玩文字游戏，但作为儒勒·凡尔纳的忠实读者，其笔下的精彩之处就在于他不经意中展现的无意识。这里，正是一个外科医生助手（a dresser）给出了一个地址（the address）。外科医生助手小斯坦福与前上司重逢，但他看到的是身处维多利亚时代的消瘦黝黑、气色欠佳的华生医生。他为医生的

1　这里原文有一个双关表达，法语标题为 À dresser，意为"树立"，同时形似后文中提到的 a dresser，意为"医生助手"。译者注。

2　柯南·道尔：《关于夏洛克·福尔摩斯的真相》（*La vérité sur Sherlock Holmes*），《黑色研究》（*Études en noir*），巴黎，群岛出版社，2004 年，第 39 页。对于非福尔摩斯系列的作品，都标注了法国版本的参考。原文用首字母 ACD 代替阿瑟·柯南·道尔的名字。

3　同前。

健康感到担心，同情他的不幸。彼时，没有听众对华生的故事感兴趣，而孤身一人的华生这时终于找到了一双聆听的耳朵、一颗关切的心和一个乐于助人的朋友，这个朋友帮他分担困境，为他指出要找的人。小斯坦福把华生带给福尔摩斯。他将福尔摩斯的地址告诉华生，让两人的相遇成为可能，然后消失不见。作为医生助手，他与夏洛克·福尔摩斯的探案再无干系。

这一重要的开篇让精神分析家所谓的"转移"[1]的建立成为可能，"转移"指具有一定强度的信任关系，让分析来访者在治疗过程中能够一次次以不同的方式向分析家描述自己的人生。一个人，一位亲友，一个熟人，一边聆听一边衡量倾诉者正陷于怎样的困境之中，为他指出能够帮他摆脱困境的人。因为倾诉者足够信任倾听者，所以会听从倾听者的建议。即便倾听者不能解决倾诉者的问题，他也能感受到倾诉者的痛苦，知道应该让倾诉者再去找谁倾吐心声。一旦指明方向，朋友就应该如同助手小斯坦福一样隐去，因为如果他和精神分析家太过靠近，就会不由自主地插手治疗。一旦交给分析家，朋友就应该彻底撒手不管。小斯坦福从来没去贝克街221B喝过茶，侦探调查也容不得不相关的人插手。当然，一开始，华生对搭档的怪异之处有所疑惑，时而回想起自己与外科医生助手的对话。[2] 但很快回想就消退了，一切都只在福尔摩斯和华生之间发生。这一相遇的实现具有奠基性，甚至可以说具有范式性。其他的相遇都以这次相遇为范本，具有相同的形式。

我们在这里强调相遇是为了突出新出现的事情，两个人出场时

1　转移（transference），即"移情"，指在治疗过程中，病人的原始情绪和原生关系等诸多因素被重新唤起。因为这不仅仅指情感的移置，所以译为"转移"。译者注。
2　柯南·道尔：《血字研究》，第一章。

往往会产生意料之外、令人诧异的情形。作为小说人物的夏洛克·福尔摩斯和华生，无法完全展现两个真正的血肉之躯的相遇。然而，他们的作者柯南·道尔医生透过笔下的人物展现出的情景，令人想起同时期的弗洛伊德医生的人生际遇，他后来的名气也与日俱增。巧合不是意外，展现巧合也不是毫无根据的文字游戏。他们作品的成功和其中包含的舍弃与仇恨、拒绝与冷漠、爱与神圣化，都超越了文本本身，暗含了一种如今仍具有现实意义的实践。弗洛伊德和柯南·道尔，如同儒勒·凡尔纳及其他作家一样，都触及了灵魂的范畴。精神分析的创立者在这一基础上建立了自己的写作，小说家们不知不觉地也深受影响，而且这种影响远远超越了书籍所展现的文本。这些作家将一切都纳入个人经历之中，并从这里开始书写出一种实践。西格蒙德·弗洛伊德遇见了威廉·弗里斯，凡尔纳遇见了他的出版商埃策尔，而柯南·道尔，可能因为他在现实生活中没能遇到谁，便在小说中遇见自己的主人公福尔摩斯和华生。

每一次相遇都是奠基性的，从婴儿与母亲的气味、略微磨损的襁褓、奶水的味道或摇篮曲的哼唱声的相遇开始。我们知道，从来没有经历过相遇的人，之后很难在世界上与同类共同生活。至少要经历过一次，才能开启之后的相遇，第一次邂逅就为之后的邂逅烙下印记。但是，为了让相遇发生，必须要有所准备。为了让相遇成为可能，至少要给相遇的空间或大或小划个范围。这就是精神分析家所谓的"转移空间"，治疗空间应该被划定，这样分析家才能在现实中毫无负担地承载分析来访者为他赋予的多重形象。这样，分析家才能成为大他者（Autre）的化身，使得分析来访者的朋友、亲人等各种小他者成为可能。如此一来，他也被假设占有关于分析来访者的所有知识。福尔摩斯和每一个委托人会面的初期都在做这件事。需要注意的是，柯南·道尔作品中初始访谈的性质，随着侦探的出名程度有了显著的改变。

这不仅仅是社会关系转变导致的简单结果：委托人面对一个高手和面对一个路人的表达方式是完全不同的。但有一件事是必要的。每一次相遇，无论对象是无名氏还是大人物，信任都要被建立。有足够多的信任，人们才能无所畏惧地展现自己的焦虑，说出自己的期待和担忧。"这很敏感［……］人们不会喜欢向陌生人讲述自己的私事。在两个素未谋面的男人面前谈论我妻子的行为让我感觉很糟糕。这是挺恐怖的事，但我已走投无路。"《黄面人》中前来咨询的孟罗先生（Grant Munro）对那时已成为搭档的两个人这样说。

在此，我们要突出福尔摩斯探案过程中的两种时间点。福尔摩斯和华生最初的碰面创造了不能分开的搭档。但是，这个最初的相遇同样也是读者与这一文学神话的第一次相遇，是作者与将成为他主要创作类型的那部分作品的第一次相遇。柯南·道尔远远不满足于做一名侦探小说家，但福尔摩斯的探案故事却让他声名大噪。这样，最初的相遇建立了一种调查、阅读、书写的实践。在第二种时间点上，类似于咨询者孟罗先生求助于福尔摩斯，而见到的永远是一对搭档。从那时起，作品有了自己的读者群，柯南·道尔有了自己的风格，而委托人有了寻求帮助的去处。

这一过程经历了一步步的摸索。起初，华生在伦敦游荡，过着"困窘又没奔头的生活"[1]，直到他决定改变现状。同样，柯南·道尔在写作之前也尝试过多种职业活动，而《血字研究》的出版之路也不顺遂。三年前出版过柯南·道尔作品的著名文学杂志《康希尔杂志》（*The Cornhill Magazine*）在 1886 年拒绝出版《血字研究》，之后，这篇小说又经历了三次退稿才找到了出版商。《比顿圣诞年

1　柯南·道尔：《血字研究》，第一章。

刊》（*Beeton's Christmas Annual*）在 1887 年刊登了《血字研究》，但读者寥寥，几个月之后以书本形式出版才受到欢迎。福尔摩斯的第二次露面是在 1890 年的《四签名》，源自一位美国文学经理人的要求。这位出版嗅觉灵敏的经理人在同一顿午餐中，还向奥斯卡·王尔德订下了后来的《道林·格雷的画像》。那时仍是古典小说的时期。

1891 年，柯南·道尔彻底放弃了医学。他关掉了自己位于哈利医药街区温波街上门可罗雀的眼科诊所，在《海滨月刊》（*Strand Magazine*）上发表了《福尔摩斯探案集》中的第一篇，侦探由此深入人心。等到虚构的贝克街公寓声名大噪，作者便搬到了远离市中心的房子，有了更好的写作环境。从那以后，关于福尔摩斯和华生的小说篇幅更短，更专注于调查本身。《血字研究》和《四签名》的第二部分被删去，因为那个部分讲述的是杀人犯的故事，是从复仇的必然性角度来论证罪行。如今，重点放在侦探使用的探案技巧上。人们读到的更多是犯罪案例而非个人经历。连载消失了。

"我认为最初为杂志写作时，小说的连载部分与其说是助益，不如说是阻碍，因为读者总会漏掉其中的一两次连载，那么之后的故事对他们而言就失去了意义。我找到了完美的折中办法，就是每个故事里都出现同样的人物，每个人都满足于这个人物本身所具有的连续性，这样读者们总能找到动力去阅读杂志中的每个故事。我认为，我是第一个构思出这个主意的作者，而《海滨月刊》是第一本将这个主意付诸实践的杂志。"[1] 柯南·道尔又加以确认：就此诞生了一种全新的实践（praxis）。如同作者强烈希望的那样，这

1　柯南·道尔：《我的历险人生》（*Ma vie aventureuse*），巴黎，Terre de Brumes 出版社，2003 年，第 111 页。

种实践建立在文本和读者的相遇之上，它追随阅读的机制，并维持阅读欲望的觉醒。相遇不是偶然的单一产物，而是具有效率且多产的，福尔摩斯的探案和弗洛伊德的探索恰恰体现出这一点。

朋友弗里斯

1887 年，一位柏林耳鼻喉科大夫威廉·弗里斯来到维也纳参加学术活动，当地的医学权威约瑟夫·布洛伊尔（Joseph Breuer）将他带到彼时冉冉升起的神经学新星西格蒙德·弗洛伊德的课上。[1]"他还挺了解解剖学的"，但"某些观点稍显奇特……他对科学的某些分支特别感兴趣"，布洛伊尔对弗洛伊德的这些评价，和小斯坦福给华生描述的福尔摩斯非常相似。几年后的 1895 年，弗洛伊德和布洛伊尔共同撰写的作品《癔症研究》（*Études sur l'hystérie*）出版之后，因为布洛伊尔无法接受精神分析不拘习俗的观点，两人渐行渐远。布洛伊尔让弗洛伊德与癔症相遇，同时也让他认识了威廉·弗里斯，接着布洛伊尔就离开了。而弗洛伊德和弗里斯意料之外的相识则为后来的一切打下基础。在 1887 年到 1902 年间，两人建立了往来。频繁的书信以及被他们称为"会议"的见面，让弗洛伊德得以展开自己的个人分析并发现了无意识的主要范畴。

1　西格蒙德·弗洛伊德：《致威廉·弗里斯的信》（*Lettres à Wilhelm Fliess*），巴黎，法国大学出版社，2006 年；欧内斯特·琼斯（Ernest Jones）：《西格蒙德·弗洛伊德的人生及作品》（*La Vie et l'œuvre de Sigmund Freud*），第一卷，法国大学出版社，1958 年；奥克达夫·马诺尼（Octave Mannoni）：《原初分析》（*L'Analyse originelle*），《想象的关键或另一个场景》（*Clefs pour l'imaginaire ou l'Autre scène*），巴黎，瑟伊出版社，1969 年。

"现在，我只为了你做记录，我希望你能帮我保留这些记录"，
1897 年 5 月弗洛伊德写给他朋友的文字中体现出这一点。他还补
充道："如果你能陪在我身边，我们能更方便地交流，该多好呀。"
他还记录了两个梦。第一个让他"发现父亲的确是我神经症的根
本原因"，而第二个梦中他呆若木鸡，同时感受到一种性的冲动。
他总结道："就这样，你能看到麻痹感本身是如何为了满足性兴
奋的愿望而被使用。"[1]我们在《梦的解析》中也可以找到这个梦，
父亲的问题出现在多个临床文本中，而这里，关键在于强调两人
相遇的奠基作用。

　　与福尔摩斯和华生之间的相遇一样，弗洛伊德和弗里斯的相遇
也发生在医院。医院这个地点并非偶然，因为这是一个充满知识并
且关心人的地方。希腊人把这种作为偶然结果的相遇称作 tuchè，
它不同于抽签式的偶然 automaton，因为在后者中，主体的意愿起
不了任何作用。两个主人公能够相遇是因为他们都没有放过这个机
会。他们都很信任约瑟夫·布洛伊尔的引荐，又有相同的知识偏好，
对彼此好奇，都对神经症的源头和心理的构建问题有所研究。谜题
待解，探索已经开始，两人通过在自己身上试验的方式进行交往。
但很快，这种关系就明确了方向。正是弗洛伊德的梦境、回忆和阅
读，以及他的临床经验让精神分析的发现成为可能，并在以自传体
裁写就的原初文本中确立起来。

　　"从此，我也需要请读者为了我的个人兴趣完成他的自传，
和我一起潜入生命最微不足道的细节之中，这正是出于同样的让梦
境背后的隐意浮现的转移而获得的兴趣。"[2]弗洛伊德告诉我们。

1　弗洛伊德：《致威廉·弗里斯的信》，1897 年 5 月 31 日，第 315—316 页。
2　弗洛伊德：《梦的解析》（*L'Interprétation du rêve*），巴黎，瑟伊出版社，2010 年，
第 143 页。

1900 年出版的《梦的解析》不仅有摘自弗洛伊德给弗里斯书信中描述的多个梦境，威廉·弗里斯本人也出现在弗洛伊德的这些梦境中。从开创了精神分析的初始之梦"伊玛打针"开始，我们就会撞见弗里斯的身影。梦的元素之一"三甲胺"将我们引向了这样一位"发现三甲胺为一种性代谢产物"的朋友。弗洛伊德站在无意识的角度分析道："这个在我的生活中扮演了如此重要角色的朋友，难道不应该继续在梦境展开的思想语境中频繁出现吗？"[1] 当然，这位在弗洛伊德气馁时刻给予他支持的伙伴在他的梦中无处不在。他了解鼻腔疾病，发现了鼻子和女性性器官之间的科学关联。这样，梦的另一块内容也得到解释，即伊玛结痂的鼻甲骨。我们还进一步得知弗洛伊德请威廉·弗里斯给这位梦中被称作伊玛的病人看过病。

　　弗洛伊德对弗里斯有着百分之百的信任。弗洛伊德承认，如有必要，"我会去柏林，隐姓埋名地让我柏林的朋友推荐的医生给我做手术"[2]。这个男人的姓、名、医学专长及一些生活场景都在弗洛伊德解析的众多梦境中起作用。无论如何，威廉·弗里斯的形象在精神分析奠基性作品中留下了深刻的烙印，这一点不言而喻。威廉·弗里斯出现在弗洛伊德的梦中，也出现在他真实的生活中，牵动着他的快乐和痛苦。弗里斯开启了彼时还未被定义为转移的东西。弗洛伊德的精神分析从他与弗里斯的相遇开始，因弗里斯的在场而进一步发展。1901 年发表的《日常生活的精神病理学》囊括了两个朋友考察的一些语误、失误和遗忘现象，而 1906 年发表的《诙谐及其与无意识的关系》则提及了他们一起开玩笑的故事。

　　不过，利用这些材料进行创造的人是弗洛伊德，威廉·弗里斯

1　同前，第 155 页。

2　同前，第 210 页。

依旧坚守着自己的理论，即生物节律论和双性恋理论。二十八天和二十三天的节律周期是决定每个人人生的核心；所有人都有双性的构建，主导性别将第二种性别压抑在无意识中。两种理论都在精神分析中经受了不同的变形。

由算术所保障的生物节律论虽然含糊不清，且内在有诸多回避，但还维持着表面的理性。在弗洛伊德对欲望提出质疑的地方，弗里斯描绘出命运。创造了精神分析、处在分析者原初位置的精神分析家弗洛伊德必须尝试与类似理论保持距离。这类理论与他无关，或者更准确地说，它们还会制约弗洛伊德精神分析的发展。

> "令我最惊讶的是他竟然不知道哥白尼的理论和太阳系的组成。"华生说。
>
> "您似乎很震惊 [……]。如今我既然知道了，就要尽可能忘掉。[……] 最重要的是，不要让无足轻重的事实盖过别的更有用的事实。"福尔摩斯回答。[1]

这里，福尔摩斯比弗洛伊德更有效率，因为弗洛伊德在很长时间中都坚信自己的死期是由生物节律论所决定的。

弗里斯和弗洛伊德之间有据可查的关系随着 1902 年最后一张卡片的寄出而结束。但是，当最早的精神分析家之一卡尔·亚伯拉罕（Karl Abraham）搬到柏林时，他仍旧第一时间去见了弗里斯。早在 1911 年，弗洛伊德就提前告知自己的弟子亚伯拉罕："首先您将会认识一个很了不起的人，可以说充满魅力，甚至在学术上您或许还有机会朝包含周期理论的真相碎片前进一步。"这是在与这

1　《血字研究》，第二章。

位无意中扮演了分析家角色的老朋友断了联系的九年之后。当卡尔·亚伯拉罕回答"我没有感到您之前告诉我的那种充满魅力的感觉"时，弗洛伊德回答，不应该相信这个人，因为此人"很讲究，甚至有些阴险"。[1]虽说欣赏转变为了不信任，但吸引力一直都在。再后来，弗洛伊德继续对这位柏林耳鼻喉科专家的工作保持关注。当亚伯拉罕提出给弗洛伊德寄一本弗里斯最新出版的作品时，弗洛伊德谢绝了，因为他害怕书在半路寄丢，他自己到维也纳买了一本。最后，反倒是英年早逝的卡尔·亚伯拉罕在他去世前不久被弗里斯的观点说服了，虽然关于弗洛伊德的原初分析，有一段时间他是站在弗洛伊德这边的。"我的病以一种格外惊人的方式证实了弗里斯所有的关于生物节律的观点。"他说。几天之后他又补充道："我不得不再说一遍，我太佩服他了。"[2]1925 年 10 月的这封信是最后的三封信之一。亚伯拉罕那年年末就去世了。我们不知道弗里斯的理论是否预见了他的死期。

即使亚伯拉罕看上去被周期理论说服，对弗洛伊德而言，这仍是一个要去遗忘的理论，一种多余的知识。1909 年他在《梦的解析》中还补充说自己进行的观察也未带来令人信服的结果。[3]其他一切都和双性恋理论相关。双性恋理论是弗洛伊德和弗里斯私人恩怨的核心，同样也涉及知识的产权和传承的问题。

---

1 弗洛伊德，卡尔·亚伯拉罕：《书信》（*Correspondance*），1911 年 2 月 13 日、2 月 26 日、3 月 3 日，巴黎，伽利玛出版社，1969 年，第 105—107 页，信中以下划线标出。
2 同前，1925 年 9 月 9 日、10 月 19 日，第 401—403 页。
3 弗洛伊德：《梦的解析》，第 131 页。

产权事件

　　这些问题同样出现在柯南·道尔关于福尔摩斯的作品之中。比如，在法国版"福尔摩斯探案系列"中，《巴斯克维尔的猎犬》或《福尔摩斯的最后致意》这些具有代表性的作品和《福尔摩斯的功绩》处于同一卷中，后者是他的儿子阿德里安·柯南·道尔及其弟子约翰·狄克森·卡尔 [1] 共同撰写的。除了署名，文本没有展现出任何作者之间的差异。还有一点令人好奇：罗伯特·卡特从 20 世纪 40 年代发现的一份不确定的大纲出发撰写了《高个子的男人》[2]，并不由分说地将这一篇放入了《福尔摩斯探案全集》（*Canon*）中。最后，另一篇具有预言性标题的作品《跟踪伪造者》[3] 于 1948 年以柯南·道尔的名字发表。不过，作者遗嘱的执行者们将一些所有权给予了一个叫作阿瑟·惠特克（Arthur Whitacker）的人。这个人想要小说的作者资格，他看上去有理有据，似乎是他把福尔摩斯探案的故事剧情卖给了柯南·道尔。

　　无论是否仿作，无论署名者是否真的是作品的作者，最终最重要的是这些作品属于福尔摩斯探案小说，而撰写者究竟是谁已不重要。因为福尔摩斯和华生并不局限于众多模仿者，比如阿加莎·克里斯蒂创作的大侦探波洛和黑斯廷斯。在他们的探案集中，有一些案件仅仅被提及但没有得到展开。这就是在呼吁一些作家拿起笔来，为文集进行补充。比如在《金边夹鼻眼镜》一案中华生虽然提到了"大道杀手"于雷一案，但是没有细说，那么之后

1　参见柯南·道尔：《夏洛克·福尔摩斯》（*Sherlock Holmes*），第二卷，巴黎，Robert Laffont 出版社，经典书系，1984 年。
2　发表在《黑色研究》中。
3　同前。

就一定有某个小说家会跟我们解释福尔摩斯如何揭开了大道杀手的真面目，又如何因此获得了法国总统的亲笔感谢信和荣誉军团勋章。另一位小说家为我们描写了《六座拿破仑半身像》中提及的"阿伯内提家族的恐怖案件"，我们知道解释这个案件的关键全在于大热天放进黄油里的芹菜会沉多深。有的时候甚至不需要重新拟定标题或编写新的情节。福尔摩斯提供的写作素材可能是有史以来最丰富的，取之不尽用之不竭。福尔摩斯和华生一直活着，或许弗洛伊德和弗里斯也一直活在精神分析之中。但我们在此得在两者之间做一定的区分。如果说文学上的仿作可以被人接受，那么对精神分析家而言这却令人鄙夷。每个分析家都有自己的风格。当涉及理论时，剽窃的风险就会浮现。

　　"今年夏天有一天，我对一个经常与我辩论学术问题的朋友Fl. 说：'这些有关神经症的问题只有在个体原初双性假设得到人们完全承认的前提下才能解决。'对此，他答道：'这就是我在布雷斯劳跟你说的，两年半前的一天，一次晚间散步的时候，我就已经告诉你了。但你当时听不进去。'"事情朝着不好的方向发展。弗洛伊德意识到这一点，并在 1901 年《日常生活的精神病理学》的《印象及意向的遗忘》一章中有所表达。接着，他想起在布雷斯劳与弗里斯的一次"会议"，并发现"他看到自己的原创性成果就这样被夺走而非常痛苦"。之后，他明确说道："友情发生了一百八十度转弯；［……］将他人的想法占为己有：在一系列关于遗忘的例子中［……］人们都不得不追溯［……］一些往往是痛苦的动机和主题，这点并非偶然。"[1] 而双性恋理论事件不能被简单

1　西格蒙德·弗洛伊德：《日常生活的精神病理学》（*Psychopathologie de la vie quotidienne*），巴黎，帕约出版社，1967 年，第 154 页。

概括为弗洛伊德的一次遗忘。

弗里斯的友情因为他认为自己的老伙计剽窃了自己的想法而转变为憎恨。这些想法不胫而走。事实上，一位年轻哲学家奥托·魏宁格（Otto Weininger）1903年发表了有关双性恋理论的作品《性与性格》，并很快为人所知。但不久之后，哲学家的一位朋友赫尔曼·斯沃博达（Hermann Swoboda）指责他抄袭。斯沃博达于1904年发表了自己的《人体生物节律》（*Périodes de l'organisme humain*）。威廉·弗里斯看到自己的想法被人公开，怒火中烧。而当人们得知斯沃博达是弗洛伊德的分析来访者时，情况变得越发复杂。弗里斯指责朋友，说他窃取了自己的理论。他认为弗洛伊德用自己的理论治疗病人，病人又把这个理论分享给第三个人：两个剽窃者，一个窝藏犯。一时间，信件、书籍和抨击文章引起了轩然大波。弗洛伊德和弗里斯的友情结束，最初的分析也走到尽头。

之后，弗洛伊德对那时候还是他弟子的荣格提到，"思想仓库中的产权边界将不可避免地被废除"[1]。他在其他地方承认对斯沃博达进行的精神分析加强了双性恋理论，这个理论也成为治疗必备的一部分。我们还知道，在弗洛伊德早期的分析中，他并不吝啬发表理论辞说。传承就是这样实现的。学生和分析者、临床和理论结合起来。但是，1902年起，弗洛伊德作为分析对象，在朋友威廉·弗里斯那里进行的精神分析结束了。虽然荣格会安抚弗洛伊德，但弗洛伊德没有因为与荣格的亲近而试着重新建立一段类似的关系。看到他们之间的通信变少，弗洛伊德有些担心。荣格对他说："您不用担心，不仅仅现在不用担心，未来也不用，再也不会发生和弗里

1　弗洛伊德，荣格：《书信》，1908年5月19日，第一卷，巴黎，伽利玛出版社，1975年，第218页。

斯事件一样的事情。［……］虽然我对您的追随不是出于爱，却是持久且值得信任的。"[1] 事实并非如此。不过，弗洛伊德对另一个忠诚的学生桑多尔·费伦齐则非常明确地表示："我再不需要这种人格上的完全开放了［……］。但为什么您还执迷不悟呢？自从弗里斯事件之后［……］，我就没有这种需要了。对同性情感投注的那部分被撤回，改投在我个人的成长之上。"[2]

没有任何相遇是单纯的，双性恋理论也不仅仅停留在理论层面。荣格所否认的爱意，弗洛伊德承认的同性情感的投注，在这里都得到了证明。不过，绝不能把双性恋理论（力比多投注）和性的客体选择混淆起来，即使有些人热衷于证明福尔摩斯和华生是同性伴侣，或是弗里斯和弗洛伊德曾经同床共枕。他们的相遇催生了精神分析，这永远都是弗洛伊德发现的一部分。同样，所有精神分析家的个人分析，被我们称作教学性分析的东西，是分析实践的基础。光是知道是不够的，了解亦不够，必须要试验，最好是去经历。有些相遇不可或缺，有些搭档即使表面上分开了也不会散伙。在这点上，弗洛伊德和弗里斯，华生和福尔摩斯，都是奠基者。

一场精神分析结束了，这在事后被验证为教学性的。会面中止，分析来访者的话语不再朝向化身为分析家的大他者说话。不过，和大他者的对话不会停止。有时候，占据这个位置的人物形象以出人意料的方式再次出现，对其知识的信任则是关键。弗洛伊德 1920 年担心其未来的传记撰写者、英国首批精神分析家之一欧内斯特·琼斯（Ernest Jones）妻子的健康状况。她怀有身孕，

1　同前，1909 年 3 月 11 日，第 288 页。
2　弗洛伊德，桑多尔·费伦齐（Sándor Ferenczi）：《书信》，1910 年 10 月 6 日，第一卷，巴黎，Calmann-lévy 出版社，1992 年，第 231 页。

但是要接受一次鼻腔手术。琼斯安慰他说，妻子恢复得不错。"您知道妊娠时期的鼻腔手术本身就会造成小产吗？威廉·弗里斯是这么告诉我的，所以知道她的情况让我很欣慰。"[1]弗洛伊德的回答在事后确认了自己当初的担忧。真相的碎片一直在场，大他者的幽灵现身。

不过，最常发生的情况是作为大他者化身的小他者形象的消失，这就是精神分析家所谓的转移的消解（liquidation du transfert）。问题、知识、做事方法不再体现出创始人的形象。双性恋理论在弗洛伊德的作品中得到发展。很快，其源头不再追溯到布雷斯劳的晚间谈话。在1919年，弗洛伊德将自己对双性恋理论的理解与两种理论对立起来。一个是阿尔弗雷德·阿德勒的理论，他刚刚离开精神分析，其"男性抗议"[2]的社会学概念与弗洛伊德的概念难以调和。另一个理论更早一些，我们已经有所了解，就是弗里斯的理论。虽然弗洛伊德视这位耳鼻喉科医生为创始人，但不再指名道姓地提及弗里斯。"这些理论中最早的那一种还是默默无名，几年前一个同事给我介绍了这一理论，那时候我还视他为朋友。"[3]不是剽窃，不是仿作，不再是债务，只有对传承的承认。"一个朋友向我介绍了这种无名的理论"，这让并不比文学更科学的精神分析获得了一种专属地位，摆脱了所有宗派主义；也就是说，理论的匿名性比任何的提名都重要。从这个视角出发，弗洛伊德不停地让精神分析得到科学的承认。

1　弗洛伊德，欧内斯特·琼斯（Ernest Jones）：《书信全集》（*Correspondance complète*），1920年5月24日，巴黎，法国大学出版社，1998年，第456页。

2　也译"男性反抗"，这是阿德勒人格理论的一个术语，指客体为克服自卑感而追求更多男性品质的行为。在下文中，弗洛伊德多次批判阿德勒的观点剥夺了幼儿性欲的重要性。译者注。

3　弗洛伊德：《被打的孩子》（*Un enfant est battu*），《弗洛伊德全集/精神分析·15》，第143页。

对他而言，"弗洛伊德的"（freudien），其价值主要在于明确知识出现的地点，与"哥白尼的"或"牛顿的"有相同意味。

这样，对朋友关系的回忆在弗洛伊德理论中占据一席之地。比如，他从与弗里斯的冲突中后者的态度出发，了解到了妄想狂："我的成功开始于妄想狂失败之处。"[1]弗洛伊德在1910年如是说。再比如，1927年，他建立了手淫和游戏迷恋之间的关系，这个关系在1897年的一封信中初见端倪。[2]解释在此得到支撑。福尔摩斯向华生解释他的推理的话语，和弗洛伊德向费伦齐吐露的对弗里斯的解释，两者并没有不同。"他父亲常年鼻腔化脓后死于丹毒，然而他坚信父亲本来可以获救，这一点让他成为医生，甚至还因此特别关注鼻子。两年后，他唯一的妹妹在患肺炎后第二天猝死，他无法为此责怪医生。这启发了他关于死期天定的宿命论。"

但是弗里斯没有准备好听这些。只有弗洛伊德成为精神分析家，也就是说，只有他接受了对自己欲望的解释。在同一封信中，西格蒙德·弗洛伊德理解了他的缺失，"关于这种助人的需要，我现在明白了原因：在我年轻岁月中没有失去任何深爱的人"[3]，这恰恰和他的朋友威廉·弗里斯的情形相反。对一些人来说解释是有效的，对另一些人也一样。精神分析实践带来某种幻灭，即对塑造了个体品质的谜团部分的丢弃。分析家得忍受失望。精神分析的艺术不是科学，也不是魔法；分析家不是医生，也不是巫师。

1　弗洛伊德，桑多尔·费伦齐：《书信》，1910年10月6日，第一卷，第231页；参见1910年1月10日的信，第133页；以及弗洛伊德，荣格：《书信》，1910年12月18日，第一卷，第122页。

2　参见弗洛伊德：《给威廉·弗里斯的信》，1897年12月22日，第365页，以及《陀思妥耶夫斯基及弑父》（Dostoïevski et la mise à mort du père），《弗洛伊德全集／精神分析·18》，第224页。

3　弗洛伊德，桑多尔·费伦齐：《书信》，1910年1月10日，第一卷，第231页。

对他人的信任

　　和福尔摩斯的所有推理一样，事情一旦经过解释就显得非常简单。他在我脸上读出了这个想法，而他的笑容流露出一丝苦涩。

　　"我害怕在解释的时候会出卖自己。"他说。那些说不出原因的结果更令人印象深刻。[1]

　　福尔摩斯向华生展示了不久前他是如何明白自己面临的一个痛点的。当侦探告诉《红发会》中的委托人杰贝兹·威尔逊（Jabez Wilson），自己是如何识破他是共济会会员、去中国旅行过并从事手工工作时，后者的表现更为傲慢。他说："我一开始以为您会更有创意，但我发现其实也没有什么了不起。""我开始觉得［……］我给出解释就是个错误［……］而我现有的微不足道的小名声也要因为在这点上的天真行为而逐渐消失了。"[2]侦探如是与朋友吐露心声。

　　但是在福尔摩斯和华生之间，与弗洛伊德和弗里斯之间一样，在两人相遇的时候，失望并不会有什么影响。相遇本身不会造成改变，即便表面上他们的个体命运发生了变化。关系的结束不会抹去曾经。因为每次相遇都建立在信任之上，也就是说建立在对他人的

1　《证券经纪人的书记员》。
2　《红发会》。

信赖之上，什么都不能摧毁对这段关系的确定。信任带来了对他人的亲近感。这种亲近感不同于爱意，不是一见钟情，不是说来就来的。这种信任的建立往往经历了一名介绍人的引荐，对弗洛伊德和弗里斯而言这个人是布洛伊尔，对福尔摩斯和华生而言则是小斯坦福。这种信任让相遇的双方能够敞开心扉。

这个他人不会带来什么破坏，这一点让每个人更能够去体验对自己的恐惧，让他们明白自己是从来都无法完全掌控自己的主体，让他们接受自己的弱点。弗洛伊德正是用这一方式，解释了作为分析家，为何不能主动提供帮助与满足需求。原本他们确信诺贝里（Norbury）村庄发生的是勒索案，最后发现真相其实是妻子出于对孩子的爱，害怕上一段婚姻生下的黑人小孩不被现任丈夫接受。这时，福尔摩斯转头对华生说："当你感到我对自己的能力过于自信或者我对一个案子投入的精力不够充分时，请你在我耳边小声说声'诺贝里'。感激不尽。"[1]

柯南·道尔说的没错。福尔摩斯只能对华生心存感激，他是唯一能够无所顾忌地指责他浮夸、傲慢和滥用可卡因的人。当他们在一起时，这种认识是没有尽头的。即使分开了，他们共同的经历也不会消失。让弗洛伊德认识到自己的，就是他和弗里斯的关系。当他们的共同历险不能继续，精神分析实际上就结束了。然而，大他者的形象一直在场。所有分析家都在以自己的精神分析进行实践，也就是说，他们的分析都伴着他本人与某位精神分析家的相遇，如同福尔摩斯和华生一同工作。柯南·道尔创造的不是一个侦探人物夏洛克·福尔摩斯，而是由福尔摩斯和华生组成的永不散伙的整体。他们具象化了分裂的主体。在这点上，柯南·道尔创作的人物

1　《黄面人》。

与埃米尔·加伯利奥（Emile Gaboriau）的勒考克以及爱伦·坡的杜邦截然不同。他远离了解密小说的形式逻辑，转而走向了相遇的实践。他从心理和小说层面来发问，来到了无意识的奥秘中。虽然柯南·道尔医生本人没有意识到这一点，但他比加伯利奥更贴近西格蒙德·弗洛伊德。

福尔摩斯的实践和弗洛伊德的实践一样，都建立在人与人的相遇上。如果说第一次奠基性的相遇是建立在信任之上，那么接下来的会面则由"做的知识"（le savoir-faire）决定。在此，对医生的信任转变成了对其能力的笃信。关于这一问题，医生柯南·道尔在发展客户群的时候就感受过。他最终弃医从文，我们便在其作品中的委托人拜访侦探的方式中，看到了病人拜访医生时会出现的信任问题。作者知道，开始时需要一个推介人。推介福尔摩斯的人有时候是苏格兰场警探格雷格森和雷斯垂德，他们或是为了警方的案子来找福尔摩斯帮忙，或是将福尔摩斯推荐给某位委托人。有时候推介人就是华生本人，他会陪某位朋友来找福尔摩斯。还有时候是《四签名》的主人公莫斯坦小姐，福尔摩斯曾帮她解开了一个小小的家族谜团，她从此被侦探的友好和敏捷所吸引。还有的时候是艾瑟格太太，福尔摩斯曾帮她找回丈夫，于是她就把玛丽·苏瑟兰介绍给福尔摩斯，因为这位天真的年轻女孩的未婚夫在婚礼当天消失了。[1]

在《血字研究》和《四签名》出版后的第一部作品集《福尔摩斯探案集》开篇的几个故事里，委托人都是在一个值得信任的人的推荐下来找侦探福尔摩斯的，这个值得信任的人可能是警官、同学、夫人，还有多次出现的少校[2]——福尔摩斯似乎特别欣赏军人。介

1　《身份案》。

2　《五粒橘核》以及《驼背人》。

绍人也可能来自高层："您最近为欧洲某皇室效力的表现让我们看到，在一些史无前例的重大事务的处理上，您是值得信任的。"正是这样，某位国王才会亲自去贝克街寻求帮助以避免"波西米亚丑闻"。这同样也让失去权势的"贵族单身汉"来找福尔摩斯，以求恢复自己的昔日荣华。

> "我听说您曾经处理过类似的棘手问题……虽然您之前客人所处的社会阶层和我所处的肯定不太相同。"
>
> "当然如此，殿下。［……］我上一个与您同阶层的委托人是一位国王。"

相遇的效率取决于信任度。推荐者们保证了委托人对夏洛克的亲近和信任，就像布洛伊尔为弗洛伊德背书。不过，接下来证实侦探名声的则是他本人出众的才能和预知的能力。他懂得如何运用自己的侦探艺术来让自己占据主导地位，并以令人意想不到的方式开启探案。这一点始于与华生的初次见面。当福尔摩斯猜到他是一位退伍步兵中士时，华生还深表怀疑，但当福尔摩斯通过他递来的怀表描绘出这位朋友的哥哥的惨事，华生变得震惊不已。[1] 自此，华生不再有疑虑。但是福尔摩斯依旧不停地让搭档震惊。他不时断言，某天华生过得很糟糕、患了感冒、女仆笨手笨脚；另一次又说，他的一位客户比他的邻居更优秀。甚至，和爱伦·坡的杜邦侦探一样，福尔摩斯跟随着华生的思绪，站在他的角度得出战争的荒缪性或拒绝投资金矿的结论。[2]

1　《血字研究》，第一章；《四签名》，第一章。
2　《住院的病人》《跳舞的人》。

就像《希腊译员》的开篇所述，福尔摩斯与哥哥迈克洛夫特有一段关于一位路人的比试，推理出后者是印度军队前炮兵士官、有几个孩子的鳏夫、他妻子不久前分娩后离世，而这些推理都和调查有关。这些推理将读者牢牢地锁定在福尔摩斯式的科学之中。有时候，侦探也将其使用在那些委托人身上，比如他推理出海伦·史东尼刚刚在马车上坐在车夫左边，再比如他发现史密斯小姐是位自行车手兼音乐家。他一直都会对此做出解释。福尔摩斯并不是魔术师，正如精神分析家并非巫师。在诸如红发杰贝兹·威尔逊[1]这种傻子面前，解释对他来说可能不合适，但即便如此，信任也不能只依靠外表。

提出请求的必要性

讲述福尔摩斯职业生涯初期的两篇小说《"格洛里亚·斯科特号"三桅帆船》和《马斯格雷夫仪式》在这一点上给了我们启发。案件中起作用的只有推理的部分。那时人们还不认识福尔摩斯，对他还没有信任感，他的推理实践也只是尝试性的。福尔摩斯那时候一个人探案，独自面对需要解决的问题。之后，他从一个盒子里抽出一片灰色纸张，或是从箱子里抽出一团细绳和三个生锈的小金属圆片，作为记忆屏（souvenir-écrans）——这些每个人都有的记忆碎片能展现出的东西比看上去的要多得多——在华生面前再现这些案件。而华生讲述了这些故事，赋予了它们之前缺少的维度，即传递（transmission）的维度。因为，福尔摩斯的实践（praxis）及弗

---

1 《红发会》。译者注。

洛伊德的实践同其他的实践一样，都因传递而持续。这种传递是世俗中的传递，没有经过某种权威机构的认证；侦探和分析家一样，完全没有官方的肯定。华生的记述证实了这一点，他对福尔摩斯的信任主要来源于福尔摩斯成功探案的事实。

不过，且不说治愈了，问题的解决，需要将技术与请求联系起来。相遇本身就是指把这两者联结起来。阅读说明手册和一局对弈的胜负，都不能体现侦探的艺术。在面对客户的请求时，要知道怎么做，这样，相关人物就进入了一种特殊关系中。如果没有客户的请求，我们就会处于弗洛伊德所说的"野蛮分析"（psychanalyse sauvage）之中。"第一次会面就让病患措手不及，猜到病患的秘密就贸然与之谈论这些秘密，在技术层面上是可以理解的，而后果往往就是激起病患对分析家强烈的敌意。"[1] 了解了这一点，我们就更能理解在《"格洛里亚·斯科特号"三桅帆船》中，年轻的夏洛克·福尔摩斯揭露了特雷弗法官的秘密后特雷弗的态度。福尔摩斯使用的词汇与弗洛伊德相同："这一天下来，尽管特雷弗先生貌似很诚恳，他的行为在我眼里还是有一点可疑。"坦诚和敌意融合在一起。我们看不到未来有任何信任感可言。

当福尔摩斯受过训练后，他开始学会猜测交谈对象的情况。他不再以"野蛮"的方式行事，不再揭露任何秘密，不再提起被压抑的事情。《斑点带子案》里的海伦·史东尼没有隐瞒载她到火车站的车；《孤身骑车人》里史密斯小姐也心甘情愿地接受了福尔摩斯的说明——她是自行车手，也是音乐老师，这些都是她来咨询的一部分原因。但是，在《"格洛里亚·斯科特号"三桅帆船》中，福

1　弗洛伊德：《论"野蛮"的分析》（De la psychanalyse "sauvage"），《弗洛伊德全集/精神分析·10》，第 212 页。

尔摩斯的话语涉及更为广阔的范畴。他当时还没能把握好尺度。这是他真正意义上的第一个案件，此前，探案对他而言只是一种兴趣。

　　大学时候的福尔摩斯有一次去同学特雷弗家玩，他吹嘘自己观察力和推理力很强。特雷弗的父亲可能有些怀疑，就提出以自己为考题测试一下。"'那么，福尔摩斯先生，'他和蔼地笑着对我说，'我是个很棒的研究对象，看看你能在我身上推理出什么。'"于是，年轻的福尔摩斯指出特雷弗先生害怕刺激、去过新西兰和日本、之前从事手工业、会拳击，特雷弗先生开始笑不出来了。而当福尔摩斯又说出他想忘记一个姓名首字母是 J.A. 的人，此人看上去还很野蛮时，特雷弗先生晕了过去。至此，虽然很吃惊但是对猜谜游戏已经做好心理准备的特雷弗法官对福尔摩斯心服口服。福尔摩斯揭露的这些秘密其实没有什么风险，特雷弗只是因为自己法官的工作担心一群偷猎人的报复。另外，他淘金发了财，大家都知道他曾在世界各地打拼过。可以说这些属于意识和前意识的范畴。

　　但是，其中某个时刻，福尔摩斯触及了压抑的部分。压抑在这个例子中以经过清洗、难以辨认的文身的形式展现出来。福尔摩斯事后有所解释："我看到您手肘褶里纹了首字母 J.A.。字母虽然还可以看到，但是模糊的样貌和周围皮肤的色调让我确信您曾试图洗掉这个文身。因此，这些首字母显然一度非常重要，但后来您希望能忘掉。"猜出这些，和通过一根崭新的灌铅手杖猜出害怕被攻击、通过护耳或长老茧的双手猜出拳击手身份一样简单。但重点不在于此。揭露的效果不在于福尔摩斯道出这样或那样的秘密，而在于还未等交谈对象自己提出请求，福尔摩斯就将其说了出来。

　　"几天前，我的诊疗中出现了［……］一位上了年纪的太太，她抱怨自己所处的焦虑状态。［……］当她咨询了镇上一位年轻医生之后焦虑感又有了明显的上升。年轻医生跟她解释说，她的焦虑来源于性需求。在他看来，这位太太的生活里不能没有男人。"[1]
和特雷弗法官一样，弗洛伊德的咨询来访者并没有准备好说出太多
有关亲密生活、隐秘欲望和过去备受指摘的经历的信息。特雷弗法
官原本只是打算和儿子的朋友做个游戏，来看病的太太只是希望医
生能开点药、给点建议，仅此而已。在这两个例子中，年轻医生和
大学生福尔摩斯一样，从事的都是"野蛮实践"。

不过，和特雷弗法官这段富有戏剧性的对谈却让夏洛克·福尔
摩斯的使命显露出来。法官预言了儿子朋友的未来，点醒了福尔摩
斯："福尔摩斯先生，我不知道您是如何办到的，但是我觉得所有
真实的侦探或者虚构的侦探，都是像您这样的孩子。探案就是您的
使命！"

Your line of life，柯南·道尔这样写道。这不仅仅是一份职业
或一段生涯，而是一种使命，是一生之路（la ligne d'une vie）。
在之后的《马斯格雷夫仪式》中，这点得到证实。"您可能还记得
格洛里亚·斯科特事件以及我和那个不幸的人的对话，我和您讲述
过他的命运，这些第一次将我带向了侦探职业，而这个职业成为我
一生的事业。"[2]福尔摩斯这样对华生吐露心声，之后华生又讲述
了这些最初的故事，通过书写的方式让这个故事进入文集，让故事
贴近现实，让每位读者都相信故事的存在。即使华生不在场，他也
处于记叙中，而对我们来说重要的是记叙，因为只有记叙是真实的。

1　弗洛伊德：《论"野蛮"的分析》，第209页。
2　《马斯格雷夫仪式》。

避免野蛮

福尔摩斯后来踏上的"一生之路"弗洛伊德也曾走过。因为他们有着相似的起点。如果说弗洛伊德和弗里斯的相遇开启了分析的时代，那么它也是野蛮的时代。弗洛伊德惊讶于他对弗里斯行为的解释备受抵触，并导致二人感情的破裂。彼时他不明白，弗里斯和特雷弗一样，只是随便问问，并不想知道太多。诚然，实践没有成型，就不可能找到准确的自我定位。因此，我们也不能指责大学生福尔摩斯以及神经科医生弗洛伊德没有正确地进行实践，因为这种实践本身还未完全构建。而他们与赤脚医生最大的区别就在于此。虽然精神分析已经存在，但赤脚医生仍然对精神分析理论加以野蛮实践，因为他没有任何个人的治疗经验。但是，福尔摩斯、弗洛伊德和他们的后继者们都知道如何听见请求，因为他们本人曾在自己的探案或分析实践中的某个时刻误入歧途。福尔摩斯与特雷弗的相遇和弗洛伊德与弗里斯的相遇一样，都是值得学习的。

"请原谅我，马斯格雷夫，我认为你们的管家看上去聪明过人，比他过去十代的主人都还要观察敏锐。"对话很客气，因为这不是一个野蛮的时刻，不能把皇亲国戚和他所有先人都直接当成傻子对待。福尔摩斯明白，最好不要说话太直接，不然毁掉的是自己的未来。当他倾听雷金纳德·马斯格雷夫这位大学同窗的请求时，福尔摩斯刚刚安顿下来。根据作者的描述，彼时的福尔摩斯更多的时候是休闲而不是在工作。福尔摩斯和华生讲述"马斯格雷夫仪式"一案时告诉后者，这是他面对的第三个案子，也是让他获得认可的案子；是让他拥有侦探资格的案子，也是让他的侦探科学为人所知的案子。

"长久以来我无所事事，一心期盼的好运似乎终于到来了。"

福尔摩斯不会让这好运溜走。他动用手头所有办法解决问题。首先就是密切关注雷金纳德·马斯格雷夫爵士的话语，但与此同时侦探在最初的会面中一下子就确定了行动的方向，这对分析家们而言就是治疗的方向。这样，他反驳了那份文件没有意义的观点，展现出说不清道不明的当下背后蕴藏着历史秘密。在这些令人难以理解的事件背后，他假设了一种逻辑。在我们眼前，对帮助的呼唤转变为请求。关键不再仅仅是欺骗、隐瞒，而是雷金纳德·马斯格雷夫这一身份本身。从这个男人的外貌就能看出他的出生地，福尔摩斯将他苍白、尖瘦的面庞与浅灰的天空、带着中梃的窗户、小城堡的古塔联系起来。但他身上有着无法解释的部分。建筑中出现了裂痕，为了加固建筑，年轻的侦探调动了自己侦探艺术的全部资源。

马斯格雷夫向他袒露了三个秘密：一个玄妙的家族仪式，一个冒失的酒店老板和一个歇斯底里的女仆相继失踪。福尔摩斯明白，这三个秘密其实是同一个秘密。因此，他从解开密码开始，将难以读懂的魔术书转变为寻宝图。接着我们看到，这位可与凡尔纳《神秘岛》或爱伦·坡《金甲虫》主人公相匹敌的对手，估测钓竿的阴影，试着以三角法制造一个木销，拴上一根细线，数着步子，试错，最终发现了神秘的箱子。接着，通过把自己当成事件的主人公，重建他们的行动，推测出了无法解释的事件。最后，出人意料的高潮来了，他在不成形的暗淡金属碎片中猜出了这就是斯图亚特家族丢失的王冠。在此，福尔摩斯的智慧全用上了。推理科学、数学知识、手工艺术、思考的时间、灵光一现，他需要所有这一切才能找回家族的标志。福尔摩斯由此赢得了自己的信誉，确立了人生之路。

这些案子"都发生在还未成熟的时期，那时候为我歌功颂德的传记还未出现"，福尔摩斯强调。的确，《"格洛里亚·斯科特号"三桅帆船》和《马斯格雷夫仪式》从"人们收纳小时候玩具的那种小滑盖木箱子里出来"[1]，如同弗洛伊德写给弗里斯的、由玛丽·波拿巴公主在旧书店发现并让其重见天日的那一系列信件一样。我们在其中读到了尚未成熟的处理个案和案件的方式。对于弗洛伊德和福尔摩斯这两位新实践的发起人而言，荣誉还未降临。

非常适合您（In your line）

侦探的名气改变了客人上门的方式。一开始，只能参考侦探的探案实例，这些案例中还包含了我们上文提到的野蛮实践的风险。后来，值得信赖的人物推荐了侦探。获得成功后，福尔摩斯成了权威。甚至他本人就可以颁发信任的证书。人们对福尔摩斯的要求也转变为恳求。"福尔摩斯先生，我希望您能够拨冗相见。"《三个同姓人》中遇到问题的圣路加学院的教授这样哀求。因为此时福尔摩斯已经非常忙碌，他原本想回绝这位教会学校的校长。这位教授只好通过强调失踪寄宿学生的身份——他是王室最杰出的臣民之子——来获得帮助。有些委托人则愿意为之付出一切。"我知道的一切，我拥有的一切，以及我本人都任凭您支配。"《雷神桥之谜》中，为了拯救家庭教师，黄金大王尼尔·吉布森这样对福尔摩斯说。《身份案》中的委托人——打字员苏瑟兰女士——手头没那么宽裕，但她也准备好动用自己的资产帮助侦探破案。其他人则付给福尔摩斯巨额报酬，比如《弗朗西丝·卡法克斯女士的失踪》中处于焦急中的富有家庭。

也有先激起侦探兴趣的案件。"福尔摩斯先生，您觉得这是什

1　《马斯格雷夫仪式》。

么意思？"希尔顿·丘比特喊道。《跳舞的人》里，他本人到场之前就已经先将有象征意义的字符寄给福尔摩斯。"有人跟我说您对奇怪的谜语特别感兴趣，我觉得没有什么谜语比我给你的这个更奇特了。"我们看到，福尔摩斯的确对密码字符很感兴趣。苏格兰场的雷斯垂德警探也知道如何吊起这位朋友的胃口。"我知道您对所有非同寻常的事情感兴趣"，他在邀请福尔摩斯调查《六座拿破仑半身像》前在福尔摩斯耳边低语。警探霍普金斯则把福尔摩斯当成大师，在他负责修道院公学探案时没少给福尔摩斯写信。"亲爱的福尔摩斯先生，我很希望能够即刻得到您的帮助，我现在负责的案子非常值得关注，它非常适合您。（It is something quite in your line.）"

适合您，是您的风格，符合您的口味，in your line，这里我们再次看到了"线"这个词，这是重点。案件的选择不是收买官员或是让大专家屈尊处理平庸或怪异的案例。不管情况重要与否，无论是谋杀、绑架儿童，还是要剪头发的女伴、被跟踪的年轻自行车手、被诈骗的证券交易所职员、失窃的可能引发战争的文件，福尔摩斯只在乎相遇的发生，在乎调查的开展，在乎能够以他特别的探案方式投入实践。调查初期一定要建立的信任只是为了能在调查中运用自己的方法。信任让侦探的怪异实践得到接受，无论是询问早餐桌的摆放，还是打碎石膏半身像，还是用鱼叉刺穿一头死猪。实践中的信任就意味着拒绝把这些行为视作疯癫、愚蠢、变态，屠夫攻击动物不是为了虐待，冒失地询问诸如宾客吃饭时的排位这种细节不是愚笨，打破拿破仑石膏像不是发疯。[1] 信任意味着接受按照福尔摩斯和华生的路径推进调查。

1　《黑彼得》《贵族单身汉案》《六座拿破仑半身像》。

这一点对侦探、精神分析家、科学家和医生而言都是如此。他们为了更好地行动而放弃了自己的幻想和欲望。他们不再考虑对血液的恐惧、被当成傻子的忧虑、对帝王的仰慕。在完成主人公最初的两个探案之后，柯南·道尔同样懂得了这点，在书写《血字研究》中的摩门教徒和《四签名》中违背誓言的部分时，他放弃了小说化的部分。后来他只有一次回归小说化的写作手法，即揭露《恐怖谷》中秘密社团的时候。在其他 57 个案子中，他完全没有给出长篇累牍的心理证明，因为心理描写总是会提升小说性质的幻想维度。

　　人物的力量在于他们实践艺术的张力。在侦探和医生组成的不会分开的搭档中，福尔摩斯多次抱怨华生给他们的功绩赋予浪漫主义色彩。这里强调了反转移，强调从分析家到分析来访者的转移部分，强调治疗中从分析家的幻想中浮现的、出乎分析家意料的部分。福尔摩斯和华生这对永不分离的搭档，代表了分裂中的主体。因此，他们与医生、科学家不同，因为后者相信他们能够绝对排除自己的无意识欲望。介入一段人生就会面临风险，而最重要的就是辨认出这些风险。这一点上，夏洛克·福尔摩斯和华生这对搭档相比他们的创造者柯南·道尔来说，更接近于辨认出自己无意识欲望的弗洛伊德。

第二章　幽灵的历史

　　通常，藏书家们的游戏坚持赋予夏洛克·福尔摩斯和华生医生真实存在的人的状态。因此，华生被安排为侦探历险的高效编纂者，作者柯南·道尔却隐匿了。他是一个冒名顶替者、篡夺者，充其量就是一个文学代理人。这一博学的娱乐活动让每个人都能身临其境，声称是自己找到了华生在查令十字街的考斯特银行托管的一个"坑坑洼洼的锡皮箱子，一看就经历过四处颠簸［……］，里面装满了文件，大部分是案情记录，这些档案向我们揭示了夏洛克·福尔摩斯解决的最奇特的谜团"[1]。在收录了60篇案件、被忠实"粉丝"称作《福尔摩斯探案全集》的书中，超过50个案子被未加增改地如实引述。我们知道一些受害人的名字：特雷波夫、瓦伯顿上校、詹姆斯·菲利莫、伊莎多拉·帕萨诺。[2]我们也知道一些罪犯的名字：法国人修雷特、虚无主义者克洛普曼、小提琴大师查理·佩斯、艺术家温赖特。[3]我们还看到了不少地点：发生谜团的马赛、乌法岛、圣潘克拉斯；[4]有时候地点是某艘船，比如索菲·安德森三桅帆船，

1　《雷神桥之谜》。

2　参见《波西米亚丑闻》《工程师大拇指案》《雷神桥之谜》。

3　参见《金边夹鼻眼镜》《最后致意》《显贵的主顾》。

4　参见《身份案》《五粒橘核》《肖斯科姆别墅》。

马蒂尔达-布里格斯号，艾丽西亚号独桅帆船。[1]我们甚至还能知道一些调查中出现的元素，比如铝制拐杖、停走的手表、神秘的虫子、站立的鸬鹚，甚至是可憎的妻子。[2]这些都涉及谋杀、失踪、突然发疯、欺诈、假币、国家秘密、悲惨事件或者帮个小忙。即使我们无法从这里或那里留下的线索中重建文本，我们也可以利用闲暇时间辨认出70个案件当中哪些是福尔摩斯和华生合作最开始8年里的案件[3]，哪个是他们认识之前就研究过的案件，或研究出侦探在大学时都有哪些同学。他并非直到和医生朋友认识后才开始建立自己的客户群，而是在大学时代就通过老同学们建立了一个虽不那么庞大但同样人数可观的客户群。[4]

如果我们更倾向于放飞自己的想象而不去探究案件的历史坐标，就能一方面坐拥能填满整个书架的记事本，另一方面掌握满是文件的旅行箱。有23年的实践供我们参考。[5]因为我们从维多利亚时代的克制走向了彻底的裸露癖，什么都无法限制我们。华生的诺言不再适合我们。[6]我们可以揭露秘密，哪怕令上流社会错愕，我们对牵连家族荣誉和先祖名声也毫不畏惧。如今，斯堪的纳维亚国王失败的联姻、荷兰王室的惨剧以及福尔摩斯拒绝公开的苏门答腊巨鼠都让全世界看得津津有味。[7]我们甚至可以断言，恐怖而丑恶的叙事能让印刷量飙升。

我们具备了所有扩大《福尔摩斯探案全集》的元素，能够让所

1　参见《五粒橘核》《吸血鬼探案》《雷神桥之谜》。

2　参见《马斯格雷夫仪式》《五粒橘核》《雷神桥之谜》《戴面纱的房客》中。

3　《斑点带子案》。

4　《马斯格雷夫仪式》。

5　《戴面纱的房客》。

6　《雷神桥之谜》及《戴面纱的房客》中有所说明。

7　《贵族单身汉案》《波西米亚丑闻》《吸血鬼探案》。

有爱好者相信的现实成真：历史上真的有福尔摩斯这位侦探，他调查的案子真实存在，华生都记录下来了。从这个视角出发，作者所处的立场就不言而喻。通常，人们将作者视作代理人，但是为什么不将文学游戏推向极致呢？如果主人公真实存在，那么作者就是虚构人物。于是，柯南·道尔获得了传奇的维度。或许这个维度很适合小说家，毕竟是他本人首创了这一维度。

的确，从第二起案件起就开创了整个的系列案件。当福尔摩斯和华生回归，柯南·道尔提到了两起他从未写过的案件。《四签名》中，我们会读到一封感谢信，信中的用词"杰作"（coup de maître）和"壮举"（tour de force）都是法语，而且被加了着重号：福尔摩斯最近帮助了一位欧陆警察弗朗索瓦·勒·维拉德。之后，自称是维拉德老板的西瑟尔·弗里斯特夫人，成了福尔摩斯的客户；福尔摩斯帮她解决了一个小问题。37 年之后，至少 52 起案件还可以继续展开。在 1927 年 3 月《书店杂志》发表的最新小说《肖斯科姆别墅》中，福尔摩斯对显微镜发生兴趣。他已经能通过侦查缝纫中的锉屑让苏格兰场的朋友梅里维尔抓住伪币制造商。如今，他凭借掺入了帽子毛呢的胶水，让一个镶框工人哑口无言。《铜先令案》和《镶框工帽子案》都有待写完。

值得注意的是，除了《第二块血迹》以编外的方式出现在 1903—1904 年《归来记》的结尾，并在《福尔摩斯探案集》（1891—1893）中两次出现以外[1]，当柯南·道尔在片段文本中描绘新的场景时，它们通常不涉及未来的故事。凡是两位搭档提到的我们知道结局的案子，都是已经发表的案件。他们多次提到年轻的玛丽·苏瑟兰的俄狄浦斯情结。天真的玛丽没有认出她未婚夫有色眼镜的后

1　《黄面人》《海军协定》。

面是她继父的目光。当他们回忆起这一点时，是在《身份案》处理之后。被唤起的原因，也许是在不明的情况下，他们遭遇了人类欲望的核心。这里，他们的回忆保证了人物的可靠性。我们对案件叙述充满兴趣。我们可能会对在教皇的要求下写的关于托斯卡主教的猝死发生兴趣，或想要继续阅读阿德尔顿悲剧中在坟头发现的怪异内容。他们在 1904 年 2 月和 7 月的《黑彼得》和《金边夹鼻眼镜》中评价了这些案件。大家可能认为这么做主要是为了吸引读者们购买下一期的《海滨月刊》。但事实并非如此。作者吊起读者的胃口却不投食，让读者自己开火煨出一个好故事。作者隐身，人物过起了自己的日子。柯南·道尔也能活出主人公般的小说人生。

天主教家族

传奇性奠定了柯南·道尔笔下的故事，它也根植于作者自己的身份之中：阿瑟是名字，道尔是他父亲的姓，柯南是他将其发扬光大的姓。[1] 当他作为结婚四年的查尔斯·道尔（Charles Doyle）和玛丽·弗利（Mary Foley）夫妇的第三个孩子，也是第一个儿子，于 1859 年 5 月 2 日在爱丁堡出生时，已经被记录在一个非凡家族的谱系之中。他的教父、也是他的舅爷爷迈克尔·柯南（Michael Conan）为他选定了名字。因为迈克尔·柯南没有孩子，为了让自己家族姓氏延续，他将自己的姓加在阿瑟本来的父姓之前。这样，这个孩子的全名就成了阿瑟·柯南·道尔。居住在巴黎的迈克尔·柯

---

1 柯南（Conan），与"经典"（canon）一词接近。《福尔摩斯探案全集》中的"全集"也用的是 Canon。译者注。

南，通过寄送刚刚出版的《布列塔尼的阿瑟》的方式迎接自己教子的出生。他本人认为自己祖上是布列塔尼公爵：柯南家族于10世纪到12世纪统治布列塔尼，而且不要忘了阿瑟公爵背后站着一位传奇国王的身影。道尔家族和弗利家族一样，出了无数尊贵的祖先。毫无疑问，这些祖先的血脉发展到后来就不那么显贵了。

阿瑟的父亲，查尔斯·道尔，是约翰·道尔（John Doyle）和玛莉安娜·柯南（Mariana Conan）最小的孩子，玛莉安娜是阿瑟的教父迈克尔的姐姐。道尔家族属于伦敦的天主教少数派，来自爱尔兰。家族传说的源头在法国诺曼底。在去爱尔兰之前，杜伊家族（les d'Ouilly）把自己的姓留给了如今位于卡尔瓦多斯省的蓬杜伊桥（Pont d'Ouilly）。之后，有一位多雷（d'Oyley）跟随狮心王理查德一世参与第三次十字军东征，这是柯南·道尔承认的最早的祖先。[1] 沃尔特·斯科特（Walter Scott）的作品《艾凡赫》（*Ivanhoe*）一开始提到了他，称其为"福尔克斯·多利"（Foulques Doilly）爵士。这位骄傲的骑士和理查德国王一起占领了圣让·达克（Saint-Jean d'Acre）之后，在巴勒斯坦的战场上获得胜利。历史和小说就这样汇合了。但几乎可以肯定的是，在17世纪，道尔家族拒绝改革而被赶出了他们的领地。我们还可以确定，约翰的父亲是19世纪都柏林的一名商人，让孩子接受了艺术教育。约翰后来住在伦敦，在19世纪30年代以署名H.B的漫画出名。这些都是毋庸置疑的事实。阿瑟的爷爷，约翰·道尔，这位才华横溢的画家受到大众的欢迎，是一个守护者的形象。他的厅堂总是高朋满

1　参见其子阿德里安·柯南·道尔（Adrian Conan Doyle）写给皮埃尔·诺顿（Pierre Nordon）的信件。皮埃尔·诺顿：《柯南·道尔爵士，其人其书》（*Sir Arthur Conan Doyle, l'homme et l'oeuvre*），巴黎，Didier出版社，1964年，第4页。

座，那个时代的能人名士来来往往，比如狄斯累利（Disraeli）、昆西、萨克雷或沃尔特·斯科特。作为虔诚的天主教教徒，他信仰坚定，在英国维持着自己的宗教实践，由此获得了英国天主教权势家族的支持。他的五个儿子对绘画和宗教都有深厚的兴趣，除了一个于16岁早逝，其余四人中还有一个成为都柏林国家美术馆馆长。最出名的理查德·道尔，因在《拳头》（Punch）上的绘画作品声名大噪，这是一份阅读量一直很高的讽刺报纸。不过，他的天主教信仰使他不容让步。1850年，当杂志在宗教纷争中介入新教党派时，理查德就离开了《拳头》和荣誉带来的舒适区。

查尔斯对他的母亲知之甚少，因为她在他小时候就过世了，查尔斯也不像他兄弟们那样光彩夺目。1849年，19岁的他被送去爱丁堡，成了历史遗迹保管委员会的一名助理。这是他职业生涯的第一步，但也是唯一一步。他留在这个位子上，留在苏格兰，平时画点插画或水彩作品赚钱。"我父亲的存在是……一个悲剧，他有些可能的事未去完成，有些天赋未被察觉。"柯南·道尔这样吐露，他还不好意思地补充，"他有自己的弱点。"[1]父亲酗酒的状况就这样被小说家一笔带过了。那个时代，酗酒更多是一种耻辱，而非疾病。大儿子医学论文答辩那一年，查尔斯·道尔被关进收容所。1893年，由于羊角风发作，他在收容所去世。家族中没人去参加他的葬礼。之后，阿瑟试着改变父亲的形象。他展出了这位艺术家的画作，这些画作"不仅画了仙女，表达了轻松的主题［……］也直面着怪诞和恐怖"[2]。

柯南·道尔也有酗酒的问题。因此，他虽然坚定地反对女性主

---

1 柯南·道尔：《我的历险人生》，第39页。
2 同前，第17页。

义，甚至对女性参政论者口出恶言，但这并没有妨碍他为女性离婚的权利而抗争。一个决定性的论点是：女人应该有权利离开醉醺醺的丈夫！在他的文学文本中，多多少少掺杂了酒鬼的故事，有时甚至不惜跑题。比如《杰克曼峡谷的格列格曼》中的逸闻就和情节没有关系。澳大利亚牛仔吉米的原型必然是查尔斯·道尔，"经验告诉我们，如果他想彻底地戒除自己的习惯，那么刺激物对大脑的作用只会更强"[1]。于是，小酒馆老板会想方设法让他喝上一杯。最后，他把六个月的收入都花在了朗姆酒上。在这些短篇小说中，最动人的一篇叫作《肮脏的勾当》，作者本不愿意把它们编入自己作品的全集。作者用几页纸讲述了"一个中年女人，穿着简朴，脸上悲伤的纹路告诉我们，生活对她而言不是快乐的一部分"[2]。她要丈夫离开同事们引诱他喝酒的工作，全心全意地投入自己的绘画事业。而且他已经戒酒六个月了。或许，六个月的时长是查尔斯·道尔的最佳纪录？这里，做裁缝的太太刚做好的连衣裙，丈夫就又典当出去了。她发现丈夫又喝醉了。"她揽过他的头靠在自己的胸口，捋顺他散乱的头发，低声哼着歌，好像妈妈在哄小孩入睡……噢！女人疯狂、盲目又圣洁的爱！世上有如此奇迹，男人们夫复何求呢？"[3]柯南·道尔总结道。

丈夫酒精成瘾、戒断又复饮、各种诱惑，被人们称为"酒鬼的老婆"的女人们的态度可能在今天得到了更明确的界定，而19世纪才开始把酒精成瘾视作疾病。不过，我们还是惊人地看到柯南·道

1　柯南·道尔：《杰克曼峡谷的格列格曼》，《新篇和稀有系列》，巴黎，Laffont出版社，1992年，第194页。

2　柯南·道尔：《一个悲伤的故事》，《全集》，第七卷，巴黎，1988年，第174—175页。

3　同前，第185页。

尔的刻画如此精辟。医生和儿子的角色在此重合。这两个身份起作用的方式不同。小说家同时从两个身份中汲取养分。因为，在短篇小说中，事情没有那么肮脏。在现实主义的，甚至是临床的模式上，那是医生柯南·道尔书写的爱情故事。法国版的标题是《一个悲伤的故事》，译者想表达的意思不太一样。少年阿瑟在自传中回忆着自己可怜的母亲，"卑微地承担着日常琐事的努力"[1]，他在《肮脏的勾当》中描写了这一场景。

当查尔斯·道尔到达爱丁堡时，他住在弗利太太的家里。弗利太太是位天主教徒，也是一个寡妇。她有两个女儿，玛丽是其中之一，当时 12 岁，被送去法国上学。5 年后，玛丽回到爱丁堡和长她几岁的查尔斯结了婚。结婚时玛丽·弗利 17 岁，21 岁时生下阿瑟。那时候她已有两个女儿，但是其中一个夭折了。玛丽后来还生了几个孩子。玛丽本人也声称自己是贵族的直系亲属。这些贵族涉及斯科特家族（其中沃尔特·斯科特就是最出名的代表）、在滑铁卢声势显赫的帕克家族，以及英国金雀花王朝家族。之后，阅读品味、传说、家族谱系，所有这些都"在血液中留下了我们所期待的贵族习性和身份的痕迹"[2]。同时拥有道尔家族、柯南家族、弗利家族的血统，年轻的阿瑟的血液中似乎必定留下了王族的印记。

日后他想起了在爱丁堡父母简朴的住所中世家朋友的造访，比如萨克雷家族。他还想起了那些在富有的姻亲家的生活。这是一个值得纪念的故事，有许许多多记忆屏，它们让他想起了一个失落的世界和闪耀着荣光的亲族关系。但是，这些归根结底是母亲的叙述，这些叙述照亮了他的人生，将他带向了另一个世界，后来他就再也

1　柯南·道尔：《我的历险人生》，第 17 页。
2　同前，第 16 页。

没有离开这个世界。这就是虚构写作的世界。母亲的叙述让他走出苦难的日子，让他成为自己人生的主人公。当她身在远方，也会有书信始终伴他左右。他们之间的联系从未切断，哪怕死亡也没能切断，因为玛丽·道尔的灵魂依然可以通过自己的孩子得到表达。

历史小说家

小说和历史在历史小说中重合。柯南·道尔非常珍视自己的这部分作品。他希望这些小说让他作为作家得到承认。他抱怨自己的侦探小说太成功。"我最差劲的作品令我最自豪的作品遭受忽视。"[1]1900 年他这样写道。

然而，1889 年《麦卡·克拉克》出版时获得的成功超越了两年前出版的《血字研究》。这是一部建立在宗教冲突事件之上的编年史作品，故事发生在 17 世纪，即克伦威尔时代之后的英国。和作者许多其他的文本一样，这部作品也用第一人称写就。1893 年，续篇《难民》发表。在这部续篇中，在被流放到加拿大之前，我们来到废除了南特敕令时期的法国。但是，经过深思，柯南·道尔放弃了日记体，转向了大仲马式的连载小说，深入到历史最不起眼的细节之中。为了戏剧效果，悲惨的命运和好运轮番上阵。一次海难后，主角们逃到一个冰山上被偶然挖出来的山洞里。"洞穴的两侧显出祖母绿的翠绿色，清冽而明亮，但是深处主要是红色和蓝色。……没有哪一个童话故事里的仙女城堡，能比这座被大自然的

1　柯南·道尔：《惊人之死》（*Une mort spectaculaire*），《黑色研究》，第 251 页。

鬼斧神工雕琢而成的避难所更美。"[1] 之后，一个水手觉得自己能够建一个桅杆，让这座可能融化的岛屿航行起来。我们会立刻想到，柯南·道尔也对儒勒·凡尔纳的《奇异的旅行》烂熟于心。他正是通过一次次阅读这部作品来学习法语的。

小说家不局限于 17、18 世纪。他的历史灵感在各个时代穿越。比如《往昔故事》系列，《军团的末日》《最后一个苦役》《匈奴人的到来》等作品让我们穿越了罗马历史和一些历史中的断裂时刻。在《联络点》中我们还去了公元前 1100 年的泰尔城。除了夏洛克·福尔摩斯侦破的《六座拿破仑半身像》一案，《吉拉德准将》系列、《博纳克叔叔》《大阴影》以及《营地故事》中的一些作品还展现了作者对于拿破仑功绩的热爱，皇帝的影子一直出现并盘旋在这些作品当中。即使不算上"犯罪界的拿破仑"莫里亚蒂，拿破仑本人可能也是作者作品中出现得最多的历史人物。

柯南·道尔多次像现在的历史学家一样行动。他把一个埃及苦行僧的绑架事件写成小说《科罗斯科的悲剧》。这是他 1896 年旅行中并未遭遇的历险。当他与妻子外出度假，了解到英属埃及部队准备去苏丹时，他让《威斯敏斯特公报》任命自己为战地通讯员。在另外两个记者的陪伴下，他深入荒漠试图与部队汇合。但是部队还远远没有完成自己的战争准备。于是，战地记者在将军帐篷中度过一晚后回到了阿斯旺，之后又抵达开罗顺利与妻子汇合。1897 年《海滨月刊》上发表的《科罗斯科的悲剧》讲述了可能会发生的事件。[2]

1　柯南·道尔：《难民》，《吉拉德准将》，巴黎，Laffont 出版社，1990 年，第763、765 页。

2　此处的"可能会发生"在法语中被称为条件式。译者注。

条件式同样使用在《危险》的场景中，1913 年 2 月，柯南·道尔为一本英国杂志写了一篇揭示潜艇在战争中的威胁性的文章。他主张在芒什海峡开凿一条隧道。为了支撑自己的观点，1914 年，他在《海滨月刊》上发表了小说《危险》。小说中，一个小国依靠着八艘攻击商业船只的潜水艇就对大英帝国实施了经济封锁。补给缺失、经济崩塌、饥荒蔓延，英国不得不请求停战。战争没有遵循荣誉规则。"什么！战争可不是游戏，英国的朋友们，战争是为了国家优势而斗争，我们应该绞尽脑汁地找到对手的弱点。你们怪我找到了你们的弱点，但那是你们的问题。"[1] 潜艇舰队指挥官让·西里尤斯叫道。他是《危险》的叙事人，而这"是一个没人比我更有资格讲述的故事"[2]。认同敌人的作家化身为魔鬼的辩护人。

《科罗斯科的悲剧》里少量的条件式，《危险》里具有未来感的条件式，柯南·道尔的好战主义并不总体现在小说里。1900 年他参与了布尔战争，指挥一所由某位人道主义同胞资助的野战医院。"我的故事和工作让我感觉南非很少有人比我更忙。"[3] 同样，也没有人比他更有资格撰写《伟大的布尔战争》这部后来在他的祖国发表的作品。作者的战绩让他于 1902 年获得了骑士勋章。

在 1914—1918 年战争中，柯南·道尔爵士再次申请出战，但是军队拒绝了，因为他年纪太大了。但是，他众多的朋友和名声让他可以从许许多多的军官那里获得战事信息。他为《每日编年史》定期撰稿并撰写了《欧洲英国战场》，定稿于 1928 年印刷发表。虽然他没有亲自参加战斗，但是多重信息来源让他可以得出个人观

1　柯南·道尔：《危险》，《新篇和稀有系列》，同前，第 446 页。

2　同前，第 425 页。

3　柯南·道尔，给母亲的信，1900 年 7 月 6 日。皮埃尔·诺顿：《柯南·道尔爵士，其人其书》，第 53 页。

点。"我必须要修改一些判断，至少不去称赞不值得被称赞的事情。历史学家没有义务说出自己知道的一切，但有义务不去说自己不确定的部分。"[1] 因此，相比于历史学家，小说家更多的是以专栏作家的身份撰写了《欧洲英国战场》。他虽然没有投入战争，但是他投入在了文本中。

最后，如果我们考虑到《失落的世界》中查林杰教授遇到剑龙、翼龙和猿猴，一跃进入史前时代，而在《崩解机》中机器让发明家消失，同一位教授在预测未来，我们可以得出结论：作者在其多样的作品之中扫除了时间的整体性，消除了现在、过去和将来。

骑士阿瑟

但是，没有哪个时代比中世纪更深入柯南·道尔的骨髓，他的家族起源、母亲讲述的故事、他对荣耀的理解都与中世纪息息相关。1890 年，在曾经拒绝过《血字研究》的《康希尔杂志》上发表的《白衣军团》，以及 1899 年开始编辑、1906 年终于发表在《海滨月刊》上的《奈杰尔爵士》，可能是作者最优秀的两篇历史小说。这一次，他不是以第一人称写作，因为自我认同并不是必需的。文本不再是一种由作者引导的梦境，他任由自己的意识或者无意识欲望以更大的自由出现在文本之中。他无须再穿上别人的衣服，不用再扮演大战士兵或敌军将领。在这些历险中，柯南·道尔潜入每个骑士的盔甲之中。的确，两部作品详述了奈杰尔爵士的战绩，这位勇敢的爵爷的特怀纳姆城堡虽然没那么豪华，但主人引以为傲。时

1　柯南·道尔，给史密斯–多伦（Smith-Dorrien）的信，1915 年 6 月 4 日，第 104 页。

间顺序被颠倒，在第一本书《白衣军团》中，尼尔·洛林爵士是位人到中年的圣骑士，已经受过战斗的锤炼且变得坚毅。我们跟着他在法国与西班牙作战，身边是年轻的侍从阿莱恩·艾瑞克森。在这一最初的历险中，阿莱恩成为一名骑士，故事的最后是他与主人的女儿莫德·洛林的婚礼。而在十年后柯南·道尔写就的《奈杰尔爵士》中，我们参与的是主人公刚刚成为英勇骑士的时代。1349 年，年轻人离开了自己贫穷的领地，十几年后荣归故里。这样他才得以迎娶等他归来的达普林骑士的女儿、贵族小姐玛丽，并让自己家族的纹章重新闪耀光辉。

两部作品之间隔了十年。在这十年里，柯南·道尔的人生发生了天翻地覆的变化。写《白衣军团》的时期，他还是贫穷的医生，靠写作补充收入，就像自己的父亲当年以绘画作为副业。而《奈杰尔爵士》出版时，他已经非常富有且有名望。夏洛克·福尔摩斯的成功，给他带来了光荣和财富，使他堪比奈杰尔·洛林。柯南·道尔也真的成为骑士。他获得爵位是因为他在布尔战争期间的行动，但是他得到的承认来自其他事情。他知道这一点，也见证了这一点。在大草原上，医生柯南·道尔给一名担架上的士兵做检查：

> 手臂上有一个非常干净的伤口。
>
> "不严重。您姓什么？"
>
> "史密斯，先生。我是新西兰人。"
>
> 我说出自己的和医院的名字 [……]
>
> "我读过您的书，"士兵对我说，"它非常精彩。"[1]

---

1 柯南·道尔：《我的历险人生》，第 197—198 页。

作为医生进行自我介绍后，却被人认出是作家。这位中弹被送到医院的士兵，虽然没有进一步评论作品，却也伤到了柯南·道尔。

"我的头衔中最有价值的……就是'大夫'这个头衔，人们给予我这个头衔是因为您的自我牺牲和您的决心。我绝不会为了别的头衔而放弃这个头衔。我衷心地希望人们永远不要要求我这么做。"[1]1902年，当人们想要给作者贵族爵位时，他在给母亲的信中这样写道。爵士头衔不应该代替医生头衔。小说家想要拒绝这个不考量牺牲和决心且被滥用的爵士头衔，正是牺牲和决心让阿瑟在物质匮乏的时候能成为医生。

"独行的英雄，值得欣赏。而勇敢在集体中很容易。"[2]参军或者在医院服役是一种责任，英雄主义在别处，它必须得到回报。这也是《白衣军团》和《奈杰尔爵士》的教训。在这两个作品中，奈杰尔爵士可以表现得如同一个骑士，这要归功于女性的责任感。当身无分文的年轻爵爷被爱德华国王领进自己的部队时，他的父亲已经英勇阵亡。因此，他的母亲埃尔明特鲁德夫人毫不犹豫地将自己仅有的珠宝用作接待国王和为儿子整装的开销。之后，在《白衣军团》中，当奈杰尔去作战时，是他的妻子玛丽和女儿莫德保卫了受到攻击的城堡。他们的决心坚定不移。这里的骑士头衔是当之无愧的，就像医生的头衔也是当之无愧的一样。

不过，我们不要弄混了。男人和女人都有责任和决心，每个人都应该守卫城堡，并在必要的时候牺牲，但是功绩属于主人。这里不是亚马孙，但也没有女医生。柯南·道尔一直被女权运动者所诉

1　柯南·道尔，给母亲的信，1902年4月。皮埃尔·诺顿：《柯南·道尔爵士，其人其书》，第69—70页。

2　柯南·道尔：《我的历险人生》，第195页。

病。一个女人就应当是一个淑女，她可能精力充沛，但她首先还是欲望对象。骑士们应当具有骑士风度，而爱是典雅的。如果说柯南·道尔支持离婚，那是因为他考量到男人可能已经打破了婚姻的契约，特别是醉鬼们。这种例子中，男人没有骑士风度可言，也没有绅士礼节可言。一个女性可以离开一个不将她视作淑女的男人，可以离开一个轻视其不可侵犯性的男人，可以离开一个跳过必要的准备程序试图直接占有淑女的男人。

因为原则上，女人是不可触及的。为了妻子最大的爱和荣誉，奈杰尔爵士以一只眼睛起誓："愿我温柔爱妻的回忆扶助我。[……]我发誓如果在能力之内连最卑微的功绩都无法完成的话，飞虫会一直在我的眼睛里。"[1] 他的侍从带着莫德的面纱离开了，以他的美人起誓，他将展现出自己的英勇。他把面纱藏起来，因为他不应该暴露未婚少女的意愿，不能让别人知道她可以接近、可被摘掉面纱。她只能为一个人的目光所触碰。

> 你在想什么，我的儿子？你出神地凝视着那女人的脸。
> 这是我的任务，殿下，我在她的眼睛里看到了
> 奇迹，美妙的奇迹，
> 我自己的影像出现在她的眼里；
> 这倒影虽然只是您儿子的影子，
> 但它成为太阳，您的儿子成了一个影子。
> 我发誓在看到自己被这般映照
> 在被她爱的镜子捕捉之前，

1　柯南·道尔：《白衣军团》，第206页。

我从未爱过我自己。[1]

在《约翰王》中，菲利普斯·奥古斯特和自己的儿子、王太子路易斯这样对话，父亲已经将卡斯蒂利亚的布兰卡允诺给了路易斯。柯南·道尔很熟悉这一段历史故事，这也是莎士比亚唯一取材于中世纪历史的作品；布列塔尼公爵阿瑟，作为柯南家族的前辈是一个不幸的英雄。在这段对话中，典雅之爱的自恋维度显而易见。布兰卡是一面镜子，她的个人意愿消失不见，"她本质上只有一种社会功能，既没有个人空间，也没有个体自由"[2]。年轻女人的叔叔约翰王想把她嫁给王太子，但年轻女人可不好骗：

> 这点上，叔叔的意愿就是我的意愿；
> 如果他在您身上看到了他喜爱的部分，
> 他看到的招他喜爱的部分，
> 我可以毫不费力转移到我的意愿上；
> 或者，如果您愿意，更简单来说，
> 我可以毫不费力地逼自己因此爱上他。[3]

在这一视角下，想象一个作为王国臣民的女人要求投票权，简直不可置信。对于柯南·道尔来说，接受女性参政论者的要求就是失去自己的骑士身份，就是再也无法在爱人的瞳孔里看到自己充满爱意

1　莎士比亚：《约翰王》，第二幕，第一场，巴黎，伽利玛出版社，"七星诗社"系列（Bibliothèque de la Pléiade），2008 年，第 1117 页。
2　雅克·拉康（Jacques Lacan）：《研讨班》（*Le Séminaire*），第七卷，《精神分析的伦理》（*L'Éthique de la psychanalyse*），巴黎，瑟伊出版社，1986 年，第 176 页。
3　莎士比亚，同前。

的影子。

因为有了女人，小说家总能展现出骑士精神。对母亲非常尊重，对姐妹非常贴心，只要有可能就不停地提供物质帮助。以我们对他爱情生活的了解，也可以看到他骑士精神的那一面。1882 年，年轻的医生搬去了朴次茅斯。一开始生计很难，客人很少。他报的税少到监察员以为他在偷税，给他批注"非常不满"。从来都不缺少幽默感的柯南·道尔给他回复道："绝对同意。"他不至于饿肚子，因为他在照料一个患有慢性病的食品杂货店店主，店主用自己的商品作为酬劳。同样，当他的同僚之一推荐一个患有脑膜炎的小男孩住在他家里并由他进行居家治疗时，柯南·道尔医生接受了，这就和福尔摩斯对待来咨询的人一样。小病人丧父，和母亲还有姐姐露易丝住在一起，不能待在他之前居住的家庭式膳宿公寓。但是心病是无法治愈的，住到柯南·道尔家里几天后他就离世了，剩下的是寡母和他的姐姐。但很快她们的人生就转变了：柯南·道尔 1885 年 8 月 6 日迎娶了露易丝。1889 年他们有了一个女儿，女儿名叫玛丽，和他妈妈同名，也和奈杰尔爵爷的伴侣一样。另外，在那个时代，小说家在他中世纪主人公的地盘新福利斯特市中心住了一段时间。1892 年，儿子出生了，他们已经事先给他起好了名字叫阿莱恩。于是，《白衣军团》里的年轻骑士侍从，也拥有了自己的化身。

典雅之爱

阿瑟和露易丝看似和谐，他找到了"英国最美好、最温柔、最有魅力的小女人"[1]。阿瑟在《斯塔克·蒙罗书信》中这样描绘这个女人，那时候他刚刚开始将自己最初的从医经历写成小说。他们的日子并非激情洋溢，但生活还算安定。"结婚以来，我从来没和她有过一星半点儿的争执。"[2]后来阿瑟在给母亲的信中这样写，那个年代他常提到自己对露易丝热烈的爱和尊敬。朴次茅斯之后，他又去维也纳进修眼科。在那里他没有遇到过弗洛伊德，就像我们知道的，弗洛伊德没有在眼科研究上获得成功，错过了古柯碱用作眼科手术的麻醉剂这一发现。回到英国之后，柯南·道尔在哈利街开了一间诊所，这个街区不乏伦敦出名的医生。门可罗雀的状况让他有许许多多的时间写作。最终，他放弃了医神阿斯克勒庇俄斯，收起自己的药方，离开了伦敦的诊所。为了更投入地写作，他搬到了一间更大的房子里，远离市中心。我们说的不是英国乡下的洛林城堡，而是"城市之外"（*Beyond the city*）。或许 1892 年短篇小说的法文标题"郊外田园诗"（*Une idylle de banlieue*），能够更好地让我们了解阿瑟与露易丝关系的现实。柯南·道尔同时代的文本中总带着一些伤感。

疾病让这对夫妇相遇，八年之后，疾病又决定了他们的命运。1893 年，露易丝被诊断出结核病，几乎是被判了死刑。柯南·道尔成为自己妻子的医生。他不甘心听天由命，他的荣誉感、责任感，当然也是出于爱意，促使他千方百计地救治自己的妻子。旅行、新鲜空气、阿尔卑斯山脉的干冷、埃及的湿热。露易丝住在专门为她设计的房子里，在那里成功活到 1906 年，这在那个年代是一个奇迹。

1　柯南·道尔：《斯塔克·蒙罗书信》，《新篇与稀有系列》，第 1105 页。
2　柯南·道尔，给母亲的信，1900 年 7 月。皮埃尔·诺顿：《柯南·道尔爵士，其人其书》，第 198 页。

骑士没有被厄运击溃。

"一个女人，高挑、瘦弱、棕色头发，身型非常优雅，人们可以看出她脸庞迷人的线条。〔……〕她高傲地仰着头，步态灵活，像树林里一些不知疲倦的动物〔……〕。他〔……〕出神地看着她，眼里透着欣赏，因为在他看来这个女人似乎是上帝最美、最优雅的作品。"[1] 在《白衣军团》中，阿莱恩发现了莫德；在《四签名》中，华生被一步踏进贝克街公寓的莫斯坦小姐的步伐和脸庞所吸引，她最终成为华生的妻子。她们常常突然出现，引人注目，给人留下深刻的印象。骑士侍从、侦探、医生、小说家和读者，这些男人都为之赞叹不已。相遇不是偶然。一个女人出现了。1897 年 3 月，珍·勒奇出现在柯南·道尔的生活中。她爱好运动，喜欢打猎，瘦高个儿，看上去更像莫德·洛林而不是露易丝。可能对于这样一个女人，小说家已经等了很久了。吸引力是相互的，关系是命中注定的。勇士阿瑟找到了自己的淑女，而这位淑女也沉浸其中。

于是，所有故事中最传奇的部分开始了。柯南·道尔成为另一个历险的主人公。这个故事中，他绝不可能抛弃露易丝，也不可能离开，更不会做任何伤害她的事。她应该什么都不知道，而为了让她什么都不知道，就必须没有任何不体面的事情要隐瞒。没有情人、没有情妇，而是殷勤者和意中人。先是他的母亲玛丽知道了，然后是他的兄弟英尼斯，接着是道尔家族其他成员都知道了。当情况变得严重时，他的姐妹康丝坦斯对此事持保留态度。玛丽·道尔则表示可以理解，甚至支持珍。两个女人之间的友情从未中断。这是一个爱的法庭，决定了阿瑟和珍的人生，裁定了风流的问题。至于露易丝，我们只知道她去世前两个月时和自己的女儿说，如果父亲再

---

1 柯南·道尔:《白衣军团》，第 103 页。

娶，不要惊讶也不要生气。她和女儿说，如果有这种可能性，他已经提前获得了允许和祝福。[1]

就这样，每个人都有自己的位置，包括暴脾气的康丝坦斯。骑士小说走出了虚构。小说家披上了骑士的外衣。"创世以来，是否曾有过我们这样的爱情故事？［……］这世上有几个人的爱情经受了我们这般考验？我想，我们的爱情故事大概是独一无二的。"[2]阿瑟在给母亲的信中这样写。给儿子小时候讲述了那么多故事的母亲，看到她播下的想象之种结出了果实。她的大儿子不仅写出了她乐于讲给别人听的历险，而且本人也经历了一样精彩的人生，这是独一无二的。通过他的信件，母亲甚至能够分享这样非凡的人生。因为，在骑士的爱情中，宫廷可能和美人一样重要，成就的荣耀和欲望的悬置一样必不可少，人们对局势的看法和正在发生的现实一样强烈。这些首先是行吟诗人的故事，是中世纪的冒险故事。

这里，柯南·道尔是他自己人生的作者。夏洛克·福尔摩斯和华生，他的纸上英雄见证了他们那个世纪的现状和读者的情况。他们获得了时代的现实性，作者展现出这种现实性是为了让读者们沉浸在《奈杰尔爵士》《白衣军团》和《约翰王》中值得与之相遇的人物的故事里。他找到了那双眼睛，眼睛中倒映出他理想化的样子。美丽的珍也在其中扮演了角色。她没有给出发作战的英勇骑士留下一条围巾或是一双手套作为信物，但是当阿瑟 1900 年 2 月参加布尔战争时，她没有忘记在阿瑟的工作室里放上鲜花。他们的秘密小说持续了十年，直到 1906 年。露易丝离世后，就像她预见的一样，

1　玛丽·柯南·道尔，1957 年 1 月 31 日的信。皮埃尔·诺顿：《柯南·道尔爵士，其人其书》，第 195 页。

2　柯南·道尔，给母亲的信，1901 年末和 1904 年 3 月 16 日。皮埃尔·诺顿：《柯南·道尔爵士，其人其书》，第 200—201 页。

阿瑟再娶了。1907年，珍·勒奇成为第二位柯南·道尔太太。后来，他们有了三个孩子。爱情的审判结束了，骑士住进了城堡，但是他每一年都没忘记去找第一朵开放的雪莲并送给自己的前妻，以此纪念他们的相遇。而珍成为这个骑士心中一生的淑女，他没有食言。

守信之人

守信是荣誉的核心，也是柯南·道尔骑士小说主人公的行动准则。争论不只发生在追爱的过程中，在战斗中这些问题同样重要。问题是如何调整生命冲动厄洛斯（Éros）和死亡冲动丹纳多斯（Thanatos）。奈杰尔爵士关注对誓言、对说出的话的绝对尊重。他不是不会钻牛角尖。他发誓要把嗜血的法国海盗吊死在桅杆上。但这名海盗被证明是个贵族，血管里流淌着国王的血，绝不能忍受这样卑贱的死法。如此便陷入两难之境。幸运的是，身负血债的海盗明白这一点，自己跳进水里溺死了。奈杰尔爵爷长舒一口气。

之后，则是他本人受到了绞刑的威胁。英国国王发誓绞死这位白衣军团的首领，因为其行为可鄙。国王不知道的是，奈杰尔刚刚接管了指挥权，因而他没能让这些他尚未见过面的弓箭手就范。"陛下［……］，我被吊死真的无关紧要，虽然这样的死亡方式比我所希望的更可耻。另一方面，如果您，英国君王和骑士团精英，不能完成许下的誓愿，一定会无比痛心。"[1]要让被激怒的国王保证对他自己的誓愿负责，奈杰尔才会不再继续自己的要求。

话语可以把人带向绞刑架，话语也会将人监禁，比监狱更可怕。

1　柯南·道尔：《白衣军团》，第216页。

一个被俘的骑士要被送到胜利者的夫人那里，作为对输家的惩罚。于是他独自上路，去向那位夫人致敬。只要没吻上她的手，他就不会逃走。而一旦吻了她的手，他就重获自由，就要返回战场，和俘虏他的敌人作战。这是游戏规则和公平竞争的问题，柯南·道尔，这位伟大的体育爱好者，对此非常重视。

在布尔战争期间，大草原上，他驮起一个被杀的年轻士兵，并把他的遗体带到了一条路的尽头。一些士兵来了，给死者办了一场体面的葬礼。"这样，一个孩子的人生就结束了。忠诚的战斗，苍穹之下，因尊贵的原因而死，我想不到比这更美的死了。"[1] 柯南·道尔似乎闻到了战场的气味，就像有的人嗅到橄榄球赛场、拳击场或网球场的气息。"没有比战争氛围更美好的事情。当应许之日到来，基督将在人群中建立自己的国，诚然，世界会获得许多，但同时也将失去最大的战栗。"[2] 因为在这个游戏中，玩家就是主体本身，死亡就是赌注，而战栗从未如此强烈。

然而，并非所有人都居于同一面旗帜之下。更准确地说，有的人属于一面旗帜、一个家族，另一些人则不然。当贵族海盗抱怨自己要被吊死，别人提醒他，他也是这样对待自己的俘虏的。"那些农民、那些平民！［……］对他们来说，这算合适的死法。"[3] 他说道。当弓箭手威胁用箭射杀另一个掠夺某地区的贵族匪徒，奈杰尔爵士命令道："不［……］，我求你放了他［……］不管他多么恶毒，他都是一个贵族，应该死于另一杆枪下，而不是你的枪。"[4] 不是所有人都被邀请到同一个游戏中。荣耀只留给那些重视自己的

1　柯南·道尔：《我的历险人生》，第 200 页。

2　同前，第 181 页。

3　柯南·道尔：《白衣军团》，第 194 页。

4　柯南·道尔：《奈杰尔爵士》，第 154 页。

盾牌和武器的人。他们的旗标赋予他们话语的权利。

　　值得注意的是，纹章的解读是一种解码，它准确地对应着夏洛克·福尔摩斯在自己的来访者那里经历的事情。每一个符号都对应了一个人故事的一部分，一个存在的独特之处；整体在全体性和多样性中被定义。一个伤疤、一个文身、一种说话或跛脚的方式都给了我们很多关于一个人的信息。三个野猪头和一顶伯爵王冠、蓝色背景中的三只雌鹅、一弯新月、一支羽毛，都唤起了与家族姓名相关的功绩。这是符号学的核心。只有树立起辨识标志的人，才是有话语权的人。

　　同时，还要当心谎言，提防假胡子和墨镜。为了成为守信的人，为了支撑展现的标记和人的价值之间的一致性，每个人都有自己的义务。在骑士比武之前，带着纹饰的盾牌都会被展示出来。任何背叛了自己荣誉的骑士，都要从比武中淘汰。比武场上的告示让人们确认纹章展现的内容被当下的家族成员所支持。父亲的姓氏并不足以保证后代的勇敢，每个人都要证明自己的勇气，甚至重建这种勇气，让自己的姓氏得到具体呈现。

　　这就是骑士历史的核心，更普遍地说，是柯南·道尔历史小说的核心，也是作者本人存在的核心。守信的人、荣誉的人，他永远不会忘记教士和农夫之间、僧人和平民之间的骑士角色。《白衣军团》在其他所有文本之中最能说明乔治·杜梅齐尔（Georges Dumézil）的研究。他猛烈地攻击不公正，为被定罪的无辜者辩护，柯南·道尔爵士是介入政治的人。虽然他不能如同奈杰尔爵爷一样恢复道尔家族被掠夺的乡下遗产，但他坚持他的身份和他的姓氏的高贵性要得到肯定。穿戴上盔甲，骑士的所作所为不是为了他自己的荣耀，而是为了维护孤儿寡母，为了给被压迫的人撑腰，为了财产斗争，为了拯救荣耀。否则，就是他的堕落。

行动中的勇士

高尚之人犯下的罪行最令人发指。1909 年,柯南·道尔参与到关于比属刚果(Congo belge)的舆论运动中。被比利时殖民的刚果以前是比利时国王利奥波德二世的财产,他把土地分割了。1900 年,罗杰·凯斯门特谴责了这一情况。1908 年,国王将刚果归还给比利时政府,但情况没有多大的改变。1909 年,为了支持刚果改革联盟,柯南·道尔发表了《刚果罪行》一文。与此同时,他给一些报纸寄了一封信,表明自己决不妥协,会斗争到底。"比利时国王利奥波德二世及其后继者们对刚果犯下的罪行,是人类史上从未见到过的残忍罪行。我们从来没有这样系统的剥夺加屠杀,所有这些都是出于卑鄙的动机,在慈善事业的卑鄙外表下进行。这一可鄙的理由和虚伪的好意让罪行的恐怖达到了前所未有的程度。"[1]同样是在这封信中,小说家提到了诺曼底人对英国的侵略,英国人对爱尔兰的侵略,西班牙人在南美的屠杀。这让对刚果的入侵令人难以接受,是一个国王对荣耀的背叛。所谓的骑士精神,遮蔽了国王的唯利是图中最糟糕的部分。在这里,犯罪是可憎的,然而诺曼底人、英国人和西班牙人在征战中并没有掩盖自己的意图,并且表现得像个好人。

关于这一点,柯南·道尔不会收回说出的话。1900 年,罗杰·凯斯门特已经是最早为刚果人民斗争的斗士之一。1916 年他被判了

1　柯南·道尔,1909 年 8 月 27 日的信。皮埃尔·诺顿:《柯南·道尔爵士,其人其书》,第 84 页。

死刑，因为被怀疑是一战期间德国人的间谍，背叛了自己的军队。只有少数人愿意赦免这个男人。"除非他疯了，凯斯门特犯下的罪行完全不可饶恕［……］，我觉得他失去了理智，如果他当时处在正常状态，他与生俱来的正直感会让他拒绝这样卑鄙的罪行。"[1]既然这个人物是一个骑士——他已经展现过他的行为，与利奥波德国王相反——只有丧失理智才能解释他这样的转变。在柯南·道尔那里，自信常常和轻信融合在一起。和《奈杰尔爵士》中不一样，并非总有一个老兵罗伯特·诺勒斯一样的声音提醒他，战争中"除非是在吟游诗人的故事里，否则事情不会那样发生"[2]。

阿瑟爵士被一些人称作"没来由的勇士"，他几乎总是处于战斗之中。人们常常求助于他。没有什么比赛是他不能拿冠军的。他以中世纪主人公的形象投入其他各种各样的比武中，如同奈杰尔在遇到一个骑士时总会想着为了荣誉规划一场与他的决斗。

正因这样，在战后去开普敦的游轮上，柯南·道尔在自己的回忆录中写道："一位外国军官［……］在我面前声称英国人习惯于用达姆弹，对此说法我失去了耐心，将他视为骗子。［……］他承认了自己的错误，并拜托我的朋友［……］向我表达他的歉意。我回答说我不能接受他的道歉，因为他侮辱的并不是我。"[3]英国人向来公平竞争，他们不会用违反战争规定的爆炸性弹药。外国军官承认了这点，最后撰写了一封向全体英国人民表达自己歉意的信件。多亏了阿瑟爵士，英国的名誉得到捍卫。《我的历险人生》常常穿插这些小故事，其价值主要不在于有趣的内容，而在于捍卫荣誉。

1　柯南·道尔，1916 年 7 月的信及请愿书。同上，第 120 页。
2　柯南·道尔：《奈杰尔爵士》，第 255 页。
3　柯南·道尔：《我的历险人生》，第 212—213 页。

我们看到 1897 年他支持一个救助印度饥荒的基金会，1921 年支持旅店老板的要求，1916 年支持英国队加入奥运会，1909 年支持离婚改革运动。他对 1890 年结核杆菌的发现充满热情："我立刻坚信我应该去柏林，去看论证演示。但到底是为了什么确切的原因，我自己也说不清楚。"[1] 可能他不想要错过任何一个比武的机会。他为了这些理由写作，写信、写论战小册子、写传单。1916 年温斯顿·丘吉尔感谢他关于坦克的好主意。[2] 同样，他也针对步枪提出了改为榴弹炮的想法，战时国务卿托人回答他，"不希望您为这件事烦恼"[3]。因为柯南·道尔的介入，部分地纠正了两个具有影响的司法错误。1903 年被判死刑的乔治·艾达吉因为并未犯下谋杀动物罪而于 1906 年得到释放。柯南·道尔为之毫无保留地付出，将自己的侦探技巧发挥到极致。"在任何一次将福尔摩斯的探案方法具体施行出来的尝试中，我从来没失败过。"[4] 他这样保证。1909 年，奥斯卡·斯莱特因为一起他没有犯下的谋杀罪含冤被捕。小说家以福尔摩斯之名发表了《奥斯卡·斯莱特事件》，不过直到 1927 年，主人公才得到释放。

阅读阿瑟·柯南·道尔的传记，就是进入一次探险。多种多样的经历，不同项目的体育成绩，从足球到高尔夫，从滑雪到赛车，从自行车到板球——当然，因为小说家首先是个英国人。他参与到所有为了荣耀的战斗之中。他走遍世界，为了露易丝的健康、为了追随军队、为了文学会议、为了预言招魂术。骑士从来没有从自己

1　同前，第 102 页。

2　丘吉尔给柯南·道尔的信。皮埃尔·诺顿：《柯南·道尔爵士，其人其书》，第 20 页。

3　同前，第 177 页。

4　柯南·道尔：《夏洛克·福尔摩斯的私人信息》（*Quelques renseignements privés sur Sherlock Holmes*），《黑色研究》，第 206 页。

的战马上下来。哪怕在朋友们的喧闹声中，我们也能看到他在角落的桌子上写作。他的自传同样丰富多彩。除了穿越各个时代的历史小说，我们还看到色彩丰富的自传叙事，有时候以书信的形式写成，有时候以具有时代气氛的短篇小说呈现，也有战争叙事，爱伦·坡式的小报新闻，一些虚构或纪实的文本，以及歌颂通灵的戏剧，轻歌剧，别忘了《福尔摩斯探案全集》中各种各样的表达方式（历史记叙、描述、会议、报纸节选）。各种文学形式都得到尝试，写就了成千上万的页面。除了最著名的福尔摩斯探案，宗教问题也或多或少地出现在大部分的文本中，无论文本的主题是什么。这是骑士抱着开放性的态度处理的争论，他不能满足于家人给他提供的答案，也不满足于耶稣会的教育给他的答案。

教堂之外

被我们视为小说家传奇历险指南的《白衣军团》和《奈杰尔爵士》这两部史诗作品，都始于被驱逐出教堂的桥段。在第一部作品中，初级修士约翰·德·霍德尔渴了喝酒、饿了就吃，出于最基本的绅士精神背着一位女士穿过一条干涸的小溪，却被赶出修道院。不久之后，约翰就成为骑士侍从阿莱恩的忠诚伙伴。阿莱恩从同一个修道院里被赶出来，倒不是因为他自己犯了错误，而是他的父亲要求他去看看世界。阿莱恩是一个年轻的文人，修道院院长提醒他，有些话题不建议深入。这里可以看出柯南·道尔关于教会的观点毫不含糊。

这一点在《奈杰尔爵士》中同样有所体现。在这部作品中，是奈杰尔本人遭遇了教士的力量。教士们把他带去他们自己的法庭，在诈取了他的一切之后，又要夺走他仅剩的家族留给他的土地。要不是国王派来的人及时赶到，他可能就要被判死刑了。两部小说都以令人愉悦的复仇结尾。《白衣军团》中，阿莱恩及时回家迎娶了自己的心上人。他的心上人以为他已经丧生，于是把他的财产尽数捐赠，并决定后半辈子都把自己关在修道院里。彼时，她已经走到了修道院门口。阿莱恩从教会手中救下了自己的妻子和教会意图霸占的财产。而《奈杰尔爵士》中，骑士赚够了钱，回到了家乡，重建了自己的领地。诚然，这也是道尔的梦想。

阿瑟同样没有遵循全部的家族传统。奈杰尔被拽到修道院法庭、面对拘束又假正经的法官的场景，让我们想到了1882年寻觅客户群的年轻医生和他有头有脸的叔父詹姆斯、亨利以及理查·道尔的碰面。这几位叔父既是单身汉又是强硬的天主教徒，他们准备好帮助自己的侄子，让天主教世界的上流人士去他那里看病。但是这需要年轻的医生向先祖信奉的宗教保证自己的虔诚。然而，即使阿瑟算不上无神论者，他也不再是天主教徒。他不再信奉这一宗教，甚至算得上反对教权。他拒绝伪善，抗拒人们要求他表现出来的效忠，于是和叔父们断绝来往。通过自己的态度，他和奈杰尔以及约翰站在一起，被自己不想要的教会逐出大门。教士们都是掠夺者，他们不清楚真正的世界。饿的时候就应该大吃，渴的时候就应该大喝，女人就应该被殷勤相待，绅士风度不是与魔鬼调情。然而……

> 她合上了双眼；脸上渐渐失去了血色……但是，很快产生了新的变化，她的面颊上重新出现了颜色，眼睛慢慢张开，眼睛闪烁出非同寻常的光芒……她的言说令人困惑……她的嗓音曾经那么悦耳，那么清凉，如今却诡谲地回荡出压抑和低沉的声响，好像来自很远的地方。

"我感觉好极了。"

一会儿之后，场景结束了。

"贝特朗，贝特朗！"……

她的声音越来越高，直到成为一种野蛮的尖叫；她在倒下之前伸出了双臂。

在《白衣军团》中，小伙子阿莱恩注视着这一幕，他从来没有梦到过大天使或天使般的人，从来没有见过比贝特朗·杜·盖克兰的妻子蒂费纳淑女更有女人味的面孔。他瞥了一眼她的丈夫：纠结的皱纹和额前的汗珠表现出男人的情绪。这是恶灵事件吗？人们想找个牧师来，带来圣水，夫妻两人竭力反对。"占卜的祝圣时刻越来越近了。"蒂费纳在开场白中这样说道。"占卜的祝圣时刻过去了。"[1]贝特朗在这一章节的最后总结道。蒂费纳并未恶魔缠身，她在大他者那里得到享乐（jouir）。

相比于艰涩的、令人困惑的解释，柯南·道尔为通灵主题提供了这个典型的场景，以清晰的方式展现出他想表达的重点。

热衷通灵

柯南·道尔对通灵的信仰在他的人生中逐渐清晰、加深。1915年起，他成为不知疲倦的史诗作者。年轻的时候他就抛弃了对天主教的信仰，不接受地狱这种来自教会的威胁。他想方设法地传达思想，之后了解到通灵论。如果没有地狱，灵魂就不死，一个如同洋

1　柯南·道尔：《白衣军团》，第 319、324 页。

葱一样层层嵌套的世界囊括了这些灵魂，围绕在地球周围。灵魂离中心越远，就越脱离肉体。通灵者这些继承了预言家和先知衣钵的人让魂灵得以相聚。

在这个科学主义的 19 世纪，柯南·道尔将灵媒比作天文望远镜，比作需要校时的广播站，比作 X 光片。他们可以让游荡的魂灵物质化，让亡灵拥有样貌和外质。[1]但是要小心，"外质是从灵媒身上抽拉的。它会像被拉断的皮筋一样，反弹回灵媒身上。如果外质反弹回皮肤，灵媒身上只会留下淤青。如果穿过黏膜，灵媒就要流血了"[2]。在拼凑与仪式、善意与推论之间，通灵论在 20 世纪初占据了一定的地位。

1916 年，一些小女孩借助广告画上的仙女照片让柯南·道尔信以为真。"他在战争中失去了自己的儿子，可怜人肯定是在试着尽可能安慰自己受伤的心灵。"[3]近七十年后，其中一个可爱的骗子承认了错误。可怜的男人之所以会相信它们，是因为他知道仙女只会化身为未到青春期的年轻女孩，她们足够纯洁所以不会吓到它们。胡迪尼也没有让他怀疑，这个他多次碰到的著名幻术大师每一次都会展现自己的把戏。唯一他绝对驳斥的事情就是无意识。"把无意识作为对心理现象的解释，这在我看来不太可能。"[4]无意识不能产生噪音，也不能产生亡灵，不能产生外质的模型。无论是柯南·道尔没有提到的弗洛伊德，还是展现了特技的胡迪尼，都不能

---

1 外质（ectoplasme），生物学中指一种细胞结构，此处是通灵论中对灵魂形式的解释。译者注。

2 柯南·道尔：《迷雾之地》，《查林杰教授系列》，巴黎，Laffont 出版社，1989 年，第 349 页。

3 柯南·道尔：《仙女来了》，巴黎，J.-C. Lattès 出版社，1997 年，第 211 页。

4 柯南·道尔，给厄普顿·辛克莱（Upton Sinclair）的信，1927 年 12 月 21 日。皮埃尔·诺顿：《柯南·道尔爵士，其人其书》，第 180 页。

说服他。通灵者中只有幻术师，没有安娜·O。里面有淑女，比如蒂费纳。她们通过自己与灵魂的沟通能够了解过去、预知未来、看到在别处发生的事情。《迷雾之地》中的通灵者能够比侦探更好地宣告罪行和犯人。《白衣军团》中的蒂费纳向我们预言了大英帝国征战世界，以及奈杰尔城堡遭受的攻击。

小说家明确地说，在这个时代，神的信息传达到了地球上。作者认同圣骑士，相信神迹。他丢失了父亲留给他的与大他者的联系，即道尔家族代代相传、刻在姓氏中的天主教信仰。人生中困扰他的问题就是宗教的问题。这个问题滋养了他的思考，影响着他的写作。他寻找着如何向一个与家庭传统、与自己姓氏无关的大他者求助。对他来说，他找到的回答在话语之外。大他者存在于自身之外，他是实在，是游荡灵魂的化身。他知道这一点是因为他观察了。他想要相信一些人，或者某些人，有能力与这些灵魂碰面，让这些灵魂附到自己的身上，享受他们。

我们在蒂费纳的这一段故事中读到的，是女性享乐和被假设为大他者享乐的混淆。它是柯南·道尔说出弗洛伊德关于女性性欲秘密问题的方式，虽然柯南·道尔并没有意识到这一点。这里，这个神秘使我们能够站在一个站得住脚的地方，一个被愚弄的地方，一个欲望可以在享乐之外被表达的地方。因为，我们很清楚骑士行为的核心是为了自己的美人。骑士比武、决斗、搏斗和征服都是为了美人，为了她的荣光。只要有为之拼搏的淑女存在，骑士就不会漂泊。但是淑女承担大他者的秘密并非坏事。柯南·道尔知道，他本人并不把将自己视作通灵者。他满足于看到魂灵，或者说，在无意识中，过上魂灵的生活，成为一个19、20世纪误入歧途的骑士，成为他的小说人物阿瑟爵士，并为了自己的最大利益创造出真实的人物夏洛克·福尔摩斯。

观察者要么都是骗子和疯子，要么他们的观察都有真凭实据。当我毫无疑问地确信，在目击者的见证下同时看到了我逝世的母亲和侄子时，显然，我属于两种观察者中的一类。我任由认识我的人和我作品的全部来判定。[1]

现在，我们对作品和作者都有了一定的了解。我们可以这么判断：阿瑟·柯南·道尔不是骗子。

1　柯南·道尔，给《星期日快报》（*Sunday Express*）写的文章，1928 年 1 月 8 日。同前，第 170 页。

第三章　勾勒原型

　　1885 年，柯南·道尔医生娶露易丝为妻，她是一个年轻的已故病人的姐姐。她以前也有一小笔存款，但是婚后阿瑟负责了全家人的开销。他在朴次茅斯的客户们不算太有钱。六年之后，他到维也纳进修眼科，并尝试作为专科医生到伦敦发展。

　　1885 年，维也纳的年轻医生弗洛伊德订了婚但还没正式结婚。他觉得自己的收入太微薄，不足以迎娶已认识三年的玛莎·伯纳斯。一年之后，西格蒙德在巴黎以神经科医生的身份，在世界闻名的神经病学教授沙科（Charcot）那里实习了几个月，之后才正式步入婚姻的殿堂。就这样，柯南·道尔与弗洛伊德遇到各自的老师，逐渐接近他们未来的小说主人公或新职业实践者的人物原型。他们与老师的命运将交织在一起。

　　在萨尔佩特利耶尔医院，弗洛伊德发现了另一种方式来处理所谓的癔症，找到了另一种方式来追问诈病和真病、谎言和疯癫之间的关系。沙科在癔症患者身上证明，他们既不是骗子也不是疯子。而既不骗、也不疯，正是无意识的特征。精神分析源自这一观察，让我们可以不用召唤魂灵。那几年，柯南·道尔刚刚开始对超自然现象感兴趣，而对于弗洛伊德来说，他刚刚开始了解怪诞、解释谜团、解码奇怪的症候。不存在巧合。因为他们两人都扎根于病因学的医学传统之中，试图给症状做出确定的诊断，虽然柯南·道尔将处理这部分现实的机会让给了福尔摩斯和华生。

弗洛伊德在巴黎期间不满足于只做一个勤勤恳恳的学生，他还是沙科的德语翻译。他对老师位于圣日耳曼大街富丽堂皇府邸中的所有招待会都充满好奇。正因如此，有一天晚上，他偶然听见沙科和著名法医布鲁瓦戴的对话，他们在讨论受苦的妻子和无能的丈夫的问题。神经学家对法医信誓旦旦地说："在这样的病例中，关键永远都是性的东西，永远……永远……永远都是。"之后，弗洛伊德评价道："我记得我当时愣了几秒，然后回过神来问我自己：'既然他知道，为什么他从来不说？'"但是他很快忘记了这个想法，大脑解剖和癔症性瘫痪的实验研究重新占据了他的全部注意力[1]。精神分析创新的时刻还未到来，直到两年后的 1887 年，他遇到弗里斯。

医学推论

其他时候，让弗洛伊德惊讶的是布鲁瓦戴，因为他参与了这位医生的研讨会，医生"习惯于用停尸间中往生的素材，向我们展示有多少值得医生知道的东西，而科学却倾向于不去了解"。可见，他是一个对留下的痕迹、一般人视而不见的标记感兴趣的人。弗洛伊德举了一个值得关注的例子："有一次，他正在审视一具无名尸体上能体现其社会阶层、性格和出生的印记，我听见他说：脏膝盖

1　弗洛伊德：《精神分析运动历史贡献》（*Contribution à l'histoire du mouvement psychanalytique*），《精神分析五讲》，巴黎，帕约出版社，1968 年，第 78 页。

是正直女孩的标记。"[1]我们仿佛听到福尔摩斯在解释他是如何揭穿《红发会》里入室盗窃犯的。"他的膝盖……你们自己应该发现了他的膝盖上的磨损、褶皱和污渍？这些都能体现出他之前都在从事挖掘工作。"的确，这男人挖了条隧道通向银行保险箱。可见，在其他情况下，脏膝盖标志的是不诚实的男孩。

然而，弗洛伊德遇见的布鲁瓦戴教授不是虚构人物，这让人们想起约瑟夫·贝尔教授，他在柯南·道尔19世纪80年代于爱丁堡医学院就读时做过他的老师。贝尔教授既是主治医生，也是外科专家，是医学界的领军人物。他因为准确的诊断和锐利的眼光出名，已经不满足于侦查疾病。他能觉察出病人的职业、生活和性格。这位大师选择了柯南·道尔当他临床演示时的助手。"这样，我就能在业余时间研究他的方法，这方法让他一眼就能观察出病人的相关信息，甚至比我的调查表上登记的信息还要多。"[2]这时，小说家把自己置于华生的位置。同样，在接待一位患有象皮病的病人时，贝尔以自己的方式猜到他曾是位军官，外驻巴巴多斯，刚刚退伍。这时，我们又看到了福尔摩斯，他拿捏的那种腔调，以给街上路过的人确定身份为乐，享受着一下子说出刚刚踏入他家门的访客个人信息的感觉。当柯南·道尔补充道，约瑟夫·贝尔解释了在旁观者"华生"看起来无比神奇的事情其实是显而易见的事实，我们便能明白为什么小说家按照医学教授的模型构建了侦探的角色。当夏洛克·福尔摩斯名声大噪，许多认识医生的同代人，比如罗伯特·路易斯·史蒂文森，寻思起自己和人物之间的联系。约瑟夫·贝尔也

---

1 弗洛伊德，为约翰·格雷戈里·伯克（John Gregory Bourke）所写的序言：《排泄仪式》（*Les rites scatologiques*）序言，巴黎，大学图书馆出版社，1981年，第31页。
2 柯南·道尔：《我的历险人生》，第35页。

不推脱，从未否认自己与人物的关系，甚至向柯南·道尔推荐了一些场景。不过作家觉得这些场景不适合采用。

于是我们明确地知晓了侦探这一角色形象的模版。柯南·道尔在所有关于福尔摩斯的文章和自传中，为这一说法提供了素材。这让纸上人物有了实体。在华生看来，福尔摩斯用"给学生做讲座的医学教授的气质"[1]来表达自己。不过，除了贝尔医生，我们也不能忘记理查德·布莱特，他也是爱丁堡医学院毕业的著名医生，非常注重细节，后来成为维多利亚女王的御医。[2]

此外还有乔治·巴德医生，这位传奇的医生出身于一个历史悠久的医学世家。柯南·道尔在最初的医学实践中与他有过合作。他在《斯塔克·蒙罗书信》中详述过这段合作经历。卡林沃思，别名巴德，透过自己的窗户给路过的人看诊。他能看出一个男人的半月板错位了，或一个女人患了风湿性关节炎。他的目光可以穿透身体。在刻画巴德时，无论是如何夸张地表现卡林沃思的怪异行为，还是让他招摇撞骗，小说家都承认医生的价值。这位医生的儿子是宫里长大的孩子，已经见得太多，冷静到几乎不会犯错。布鲁瓦戴、贝尔、布莱特、巴德，所有这些杰出的临床医生，每个人都有自己发现真相的风格，知道如何展示自己的独特性，让华生、柯南·道尔和弗洛伊德这些学生和病人都目瞪口呆。从这个视角，侦探将医学艺术转换为解决犯罪谜题的研究。他的风

---

1 《四签名》，第四章。
2 参见多米尼克·梅尔-布林格（Dominique Meyer-Bolzinger）：《刑事调查中的临床方法：福尔摩斯、波洛、梅格雷、列日》（*Une méthode clinique dans l'enquête policière. Holmes, Poirot, Maigret, Liège*），Céfal 出版社，2003 年；《夏洛克·福尔摩斯的方法，从临床到临床》（*La Méthode Sherlock Holmes, de la clinique à la critique*），巴黎，Campagne Premièr 出版社，2012 年。

格就是描摹这些医生的独特之处，他视觉的敏锐就在于这解剖式的一瞥。从那以后，每个案件的破解都被视作一次诊断。这是侦探和医生"被阴暗与光明、虚空与充盈、荒谬和能指、空洞与话语带向各自艺术顶峰"[1]的一刻。

西格蒙德·弗洛伊德、柯南·道尔和数不胜数的医学学生一样，都在自己的经历中一次又一次地遇到这样的人物，他们赞颂医学知识和能力，将痛苦的主体化约为作为符号载体的病人，只关注痛苦中的症状，让每个鲜活的身体都成为一个待理解的平面，一具待解剖的尸体。所有这些首先是一种观看的行为，病人的形象得到解码。他者被看到，不必被听见，除非它能提供线索、证实推论、接受指示。是眼睛看到了脏膝盖和破裤子。发挥作用的是视觉冲动。对象是无欲望的身体，即自动机器。视冲动的对象被简化为观察者的眼睛想要的东西。因此，在这种权力的享乐中，目光是全能的。或许法医和侦探都将这种冲动升华，从而更好地实践了自己的职业艺术。这里，布鲁瓦戴的解剖刀和夏洛克·福尔摩斯的放大镜有着一样的功能，都是眼睛的辅佐。

不过，虽然他们维持着自己的医学实践——柯南·道尔作为医生参与布尔战争，弗洛伊德也凭着神经心理学看诊的薪水才收藏了一批古董——小说家和精神分析家一样都曾是坏学生。他们并不认同于作为绝对观点承载者的可敬医生的形象。他们把视觉看到的东西放到不太重要的一层。他们驳斥大师的享乐，拒绝在自己身上的此种享乐。一个是通过写书，让尽可能多的人读，另一个是发明一种方法，为了帮助倾听而与目光拉开距离。他们都对灵魂的欲望提

1　参见多米尼克·梅尔-布林格：《刑事调查中的临床方法：福尔摩斯、波洛、梅格雷、列日》，第74—75页。

出质疑，而非对身体做出回答。这并不意味着他们抛弃了布鲁瓦戴或贝尔的教育。他们明白，他们只是选择了另外的道路。诚然，贝尔可以被视作福尔摩斯的原型之一，但是福尔摩斯并不真实存在。也就是说，柯南·道尔作为贝尔的学生从来没有追寻过导师的脚步，就像弗洛伊德并未追寻布鲁瓦戴和沙科。小说家可能是位好医生，但不管他曾经做过怎样的尝试，他都未淹没在医学实践之中。因为，如果他告诉我们他那位于伦敦的门可罗雀的诊所给了他写作的空闲时间，我们也可以反过来说：为了写作，医生不能接待太多的病人。和今天一样，过去靠诊所谋生可比靠稿费来得轻松。当弗洛伊德放弃了神经学，投入精神分析实践，他知道他放弃了物质上的便利，他也正是这样对自己的朋友说的。并非出于偶然，柯南·道尔创造出人物角色，弗洛伊德创造出技法，这些都是出于一种必要性。两个人面对解剖学、临床医学教学的态度就是一个标志。他们在布鲁瓦戴和贝尔的临床课程上仔细听讲，特别留意，并在此后的职业生涯中充分利用了课上的内容。

法医对脏膝盖女孩尸体的推论引起了弗洛伊德的注意。这个推论让弗洛伊德震惊不已，也让我们目瞪口呆。不过，相比于教授话语中的阐释学价值，惊讶本身更为重要。惊讶让我们走进了弗洛伊德和福尔摩斯实践的核心。这些实践并非已经预先存在于一种成体系的知识或者文集中，而是建立在临床经验之上。是经验让布鲁瓦戴知道脏膝盖意味着女孩的德行。正是因为没有拒绝这种神秘的推论，并且毫不在意医学界对自己的鄙视和质疑，弗洛伊德才在近三十年后解释了这个符号。有人请他为一本关于排便仪式的书写作序言，他在序言中提到了这一点。在那之前他把它弃于一旁。他从来没有将其视作一种知识元素。他没有撰写任何涉及女性德行和她们身体关节清洁状态之关系的专著。同样，也是在和约瑟夫·贝尔相遇的十几年之后，柯南·道尔才从中获益，创造出自己的小说人物。回忆依旧生动，惊讶依旧鲜明。感到惊讶的能力，就是不妄言未来发展的能力，它只有把掌控知识的欲望丢在一边的人才能拥有。这奠定了临床和理论之间持续辩证的实践的基础。弗洛伊德不停地书写它，福尔摩斯不停地向华生灌输它。教育的难点之一，就在于让学生永不失去感到惊讶的能力。

水母的回忆

1885 年，在创立精神分析之前，弗洛伊德感受到了布鲁瓦戴观察中的奇特之处，但并未由此发展出新的学说。直到 1913 年，他又想起了这些奇妙的观察，并借此解决了一个确切的问题：究竟什么是排便仪式？在近三十年的时间中，弗洛伊德留意到的现象都被他放在一边，贮藏在内心某个隐秘的角落，如同《狮鬃毛》中的福尔摩斯一样。

"您肯定知道，否则华生的写作就是徒劳；我拥有丰富的无意义的知识储备，不科学也不系统，但是对我的职业来说非常有用。我的脑子就像一间贮藏室，里面堆满了各式各样的包裹，数量之多，使我本人对它们也只有一个模糊的概念。但我一直知道我脑子里有那么一样东西对目前这个案子是有重大意义的。"这次冒险，是最后的文本中的一篇，是由福尔摩斯自己报告的。一个男人到芒什海峡白垩岩脚下的天然泳池里游泳而濒临死亡，背上全是像被鞭子狠狠地抽打过的鞭痕。只剩最后一口气时，他说："狮鬃毛。"一条干浴巾、当地有名的美人写的情书、被情人拒绝后发作的坏脾气，这些都指向了一个名为伊恩的嫌犯。英语中"狮子"（lion）和"伊恩"的发音接近，从一个奄奄一息的人口中发出可能难以辨认。和福尔摩斯在同一片海域搜查的警探得出了这样的结论。于是他打算逮捕伊恩。警探也有所犹豫，但是脑海中又没有别的符合逻辑的推论。整体推测虽然仍有缺陷，却是他能想到的唯一合理的构思。

> "我的眼睛终于找到了我搜寻的东西，我胜利地大叫起来……这怪东西确实像是从狮鬃上扯下来的一团毛……一个奇特的生物起伏波动，焦躁不安，金色发辫中夹杂着几根银色丝线。毛发随着缓慢而沉重的呼吸颤抖……"

> "哎呀，这东西算是把我难住了！"警探叫道，"……它不是萨塞克斯的生物。"

虽然我们可以在英语和法语中用英国郡名玩弄它的谐音梗，但蛇发女妖戈尔贡[1]的确不是萨塞克斯生物。警探只能猜到由风暴带来的水母藏在岩石洞里。狮子的鬃毛，狮鬃水母（Cyanea capillata），就是罪犯，它是潜伏的怪物、噩梦般的（pavor nocturnus）可怕存在。只有夏洛克·福尔摩斯能够在凶案中觉察到本质。他之所以能够将能指"狮鬃毛"和所指"水母"挂钩，是因为他并不拘泥于当下现实，不拘泥于萨塞克斯、萨塞克斯人和萨塞克斯警员的逻辑。他得出了自己的解释，不是一种和周遭环境一致的推理，而是一种和曾经读到过的内容相一致的推理。那是一段叙事，如同一段梦，这涉及从狮鬃毛和银色纸上扯下来的毛球、被刺穿的身体、鞭打的痛苦，以及在汹涌大海中一个人的脉搏停止了跳动。水母和

1　在希腊神话中，戈尔贡（Gorgone）是容貌相似的三姐妹，其中之一美杜莎（Méduse），小写就是水母。译者注。

它的鞭毛，鬼魂一般难以确认的奇特生物，成为现实，深深地扎根在历险之中，从而赋予其与叙述的一致性，这一切都离不开福尔摩斯拥有的"忠实于细节的惊人记忆力"。

弗洛伊德技巧中所谓的"悬浮注意"（attention flottante）让惊奇成为可能，它不会死守在一个预先形成结构的辞说上，这个维度上没有蛇发女妖的任何位置。必然结果之一就是，在精神分析家身上，存储了奇特元素和表面琐事的那些奇怪记忆，哪怕他尚未察觉，在治疗中的某个时刻——不仅仅是在话语之中，更在主体存在之中——这些记忆会浮现甚至鲜活起来。对于福尔摩斯而言，狮鬃毛可能仅仅是一组词，甚至是幻象，但如果回忆再现，狮鬃毛就能成为书写历史、解决山崖下悬案谜团的能指。正是这样，弗洛伊德式分析家或福尔摩斯式侦探的责任感产生了作用。因为知道适当地忽略，他们让自己可能听见真相。

懂得忽略，并不是愚昧无知，不是助长无知或愚蠢，而是为惊讶留下空间。不做无知的人，就是懂得借用惊讶之物。于是，脏膝盖和狮鬃毛就可以进入鲜活的辞说中。对此，弗洛伊德和福尔摩斯不仅悬置了所有答案，更悬置了所有期待。不到案件的最后，侦探都没有指望也没有利用自己所拥有的任何关于水母的知识，那些柯南·道尔从探险家故事中读到的知识。弗洛伊德在听见布鲁瓦戴的观察时也并未朝这个方向去拓展。在某次特定请求的机会中使用这一观察方式之前，他对这种令人意外的推理不抱任何期待。布鲁瓦戴和弗洛伊德面对观察所处的立场是不同的。

我们可以将"脏膝盖"定义为一种能指，它勾勒出一个人的特征。布鲁瓦戴明白这一点，这甚至是他观察的核心。如果视觉冲动的对象的确是无生命的身体，那么一名法医便成为视觉冲动范式的化身。观察者同样能够将这一能指纳入一系列能指之中，它们将补充对身体的定义。肯定有别的值得记录的特征：可能是结老茧或受伤的双手，可能是旧的过时的衣服，贞洁肯定也是其中之一。这样的知识储备巩固了法医的主人位置。同样，我们也会明白年轻女孩的生死无关紧要。只需要她脱下衣服，露出膝盖，任何情况下都能实现这样的观察。是生是死并不重要，因为在这样的观察中她算不上一个主体。主体和主体的欲望在这里不重要，掌控另一个人的知识才重要。知识的作用不是去解决问题，而是要确保拥有知识者的权力，在于创造一个主人，树立一个模范。正因这样，贝尔教授很看重夏洛克·福尔摩斯身上体现出的自己，这是一种认可。不过，柯南·道尔却不接受任何推荐的剧情：塑造模型，当然是造一个提线木偶，但绝不是想象一段活生生的冒险。

与让我们看到的教授不同，弗洛伊德和柯南·道尔并不局限于谜和诊断。他们对能指的运用有所不同。他们不满足于知识，还想要阐明谜团，解决问题。"狮鬃毛"无罪，它却预设了某人有罪。医学和精神分析临床运用能指的方式也不相同。如果能指包含在诊断之中，那它也只出现在医生做出治疗之前的初始时间里；而在精神分析家那里，能指则在整个治疗的过程中得到运用。于是，诊断、下医嘱、治疗，这一过程是没有断裂的，然而一开始就要倾听请求，这一请求也可能会中断。倾听不会把分析家推到主人的位置。毫无疑问，它也是一个让我们在精神分析与心理治疗、侦探与警察之间进行区分的元素。

弗洛伊德的解释和福尔摩斯的技巧

弗洛伊德没有解释让布鲁瓦戴得出结论的理由。或许这个医生觉得，一个躺在停尸间的干净女孩，应该有让身体不那么脏的方式赚钱生活，而正直的年轻女孩不得不为了完成令人不快的工作而弄脏身体。不出卖身体，就不会太在意身体。正是这样，他"推测出女孩的脏膝盖正是其美德的证据"[1]！我们猜到了这一点，但这不是弗洛伊德文本的关键所在。成为精神分析家后，他懂得去忽略。这个问题上的知识加工属于另一个学科，比如社会学中关于卖淫的研究，历史学中关于洁净与肮脏的研究。1913年，弗洛伊德开始解释。为了说明自己的观点，他引述了歌德《浮士德》的最后一个场景：

> 我们还剩下一小块
> 沉重的土地。

相反，他关注到这里的清洁所意味的东西，即一种遮盖的意愿。"有教养的人显然因为所有人类身上都有的动物性的东西而局促不安。他们想要模仿最完美的天使。"[2]这不合时宜的残留之土被否认了。人们相互隐瞒，虽然每个人都知道对方在隐瞒什么。于是，清洁成了质疑的对象。这种对命题的颠倒，同样出现在福尔摩斯的技巧之中。

> "有什么别的点是您希望我注意到的？"
> "关于夜里发生在狗身上的奇特事件。"
> "夜里狗身上什么事都没有发生啊。"

---

1 弗洛伊德：《序言》（*Préface...*），第31页。
2 同前，第32页。

"这才是一件奇怪的事。"

夏洛克·福尔摩斯观察到。[1]

那个纯血宝马白额闪电（Silver Blaze）从牲口棚消失的夜里，狗没有吠叫。腿上的污迹戳穿了表面的清洁。不应该被表面现象欺骗。夏洛克·福尔摩斯在《狮鬃毛》一案中看出了这一点。海滩上有人丢了一块干浴巾，但这并未让福尔摩斯感到困惑。他理性地推理出受害者并未下海。不过，重要的并不是注意到干浴巾并得出显而易见的结论，而是质疑浴巾没有湿掉的原因。"就是浴巾骗了我。可怜的男人从来没有想过擦干自己，可反过来我却被引导去认为他从来没有下过水。在这个情况下，我怎么可能想到是水中生物犯下了罪行？正是在这里，我开始走入歧途。"福尔摩斯承认道，他遗憾没有立刻发现水母，并一下子明白游泳的人是急于逃走，没有时间把自己擦干。安静掩盖了声音，脏掩盖了洁净，干掩盖了湿。我们应该小心显而易见的东西。

弗洛伊德的解释，也就是夏洛克·福尔摩斯在浴巾上错过的部分，这不在于将意义赋予表象，而始于对表象发出质疑，猜测表象掩盖了什么。布鲁瓦戴和弗洛伊德关于脏膝盖的解释处于完全不同的逻辑之中。前者为自己看到的内容赋予意义，后者则质疑展现出的内容的性质。精神分析家不会像用阅读网格来解密魔法书一样来阅读无意识文本。在此，他脱离了调查实践，而这应该是侦探的首要任务。但我们发现，调查实践常常因为人们称之为悖论质疑的活动而被搁置：寻找沉默下的声音，干燥后面的潮湿。

这样，我们跟随弗洛伊德走进了幻想（fantasme）的范畴。这

1　《银色白额马》。

便是表现为症状的清洁。这种洁净和法医或警察理解的方式不同。判定女孩和男孩的美德并不是精神分析家和侦探的工作。对于弗洛伊德而言，当清洁掩盖了淤泥的痕迹，它便是一种症状，是难以承受的剩下的土地。同时，它在对别人如同对自己一样掩饰的模式之上，构建了人际关系。脏膝盖的诚实女孩没有掩饰自己和自然的关系，不想要被视作天使般的圣洁的女孩，不否认"古人与大地母亲的离别之痛"[1]。她可以接受淤泥的痕迹被看见，她承认镜子中反射出的画面，包括画面中的所有不完美。她无所掩饰。

对于沾染泥土的身体的假设，就是接受了弗洛伊德神话中的裂痕，他把它作为人类起源和进入幻想的入口：从需要到欲望的转变，与性和生殖的分离息息相关。在人类开始双脚行走时，视觉的持续活动超越了嗅觉对周期性分泌物的觉察，男性的性兴奋开始独立于女性的生殖周期。"嗅觉激素的退化本身似乎就是人类远离土地、直立行走的结果，从那以后，此前一直隐藏的人类生殖器官变得可见而脆弱，并同时给人类带来了羞耻心。［……］走向清洁是出于清除粪便的需要，因为对粪便的感知是不舒适的。"[2]于是，污渍的痕迹成为冲动的痕迹，是土地的残余，它与最古老的无意识现象联系在一起。"一部分早期偏好持续存在，一部分嗜污的倾向在之后的人生中继续运作。"[3]这可能是停尸间里那位年轻女死者，试图用她过于干净的身体进行掩藏的部分。

这里，弗洛伊德把幻想、这些"古老的偏好"放到了前面。污秽是深植于主体身体之中的欲望对象。清洁则是对它的压抑。这一

1　弗洛伊德：《序言》，第33页。
2　弗洛伊德：《文明及其不满》（*Le Malaise dans la civilisation*），巴黎，Points出版社，2010年，第100页，注释1。
3　弗洛伊德：《序言》，第34页。

视角中，重要的是年轻女孩和污秽对象相遇的动力学。历史、社会或医学知识被搁置一边。弗洛伊德与布鲁瓦戴划清界限。一种精神分析的辞说诞生了，而这种辞说的雄心壮志就是让人们能够意识到无意识的欲望。

直立人

关于人类历史，柯南·道尔似乎和弗洛伊德有着共同的信念。不过，小说家不满足于思辨，还要将其搬上舞台。奈德正是如此，他是年轻记者、现代骑士的楷模、19 世纪的阿莱恩 [1]，是《失落的世界》中类似骑士化身的查林杰教授的随从。年轻人加入冒险是因为他的美人要求他出发。"微微晒黑的皮肤，仿佛一个东方人，黑亮的头发，湿润的大眼睛，细嫩的厚唇" [2]，这些吸引了男孩。重要的是目光，奈德看到的东西让他对年轻女孩产生了欲望。为了她，他要去实现被期待的成就。奈德和查林杰，还有一位学者和一位绅士猎人，他们无视危险去探索一片未知的亚马孙领域。那里仿佛被时光抛弃了，还生活着恐龙和野人。猿人是那里的主宰，它们是第一群在这片土地上直起身体来的生物，是当时所有古生物学家所找寻的缺失环节。

在这个幻想的《失落的世界》之中，最古老的就是最难闻的。这是翼龙的群居地，翼龙的样本被旅行者带去伦敦来证实自己的说法。人们发现翼龙时闻到一股可怕的令人作呕的恶臭。不过，

---

1 参见柯南·道尔：《奈杰尔爵士》和《白衣军团》，第二章。
2 柯南·道尔：《失落的世界》（*Le Monde perdu*），《查林杰教授系列》，第 18 页。

这个原始部落，让他们想起但丁的七层地狱，它看起来秩序井然：男性站岗放哨，妈妈们照顾孩子，所有人在沼泽中嬉戏。这里，没有人远离大地母亲，所有生物都和难闻的沼泽融为一体。奈德和同伴们还不知道的是，在这片上千年来与世隔绝的高原上，其他动物继续进化，走向直立。他们就是人猿，嗜血、凶狠、残忍，尽管数量众多，探险家们最后还是干掉了他们，因为人猿们失去了嗅觉，再也无法按照痕迹跟踪猎物。"他们耳朵很长，眼神尖锐，但是几乎没有嗅觉［……］我不相信他们能发现我们的踪迹。"[1] 绅士猎人信誓旦旦。这样，小说家的想象力和精神分析家展现幻想的神话汇合到一起。柯南·道尔描绘出小说主人公遇到的最初人类。弗洛伊德假说在此得到证实：在他们那里，嗅觉刺激已经丧失了强度。

同时，《失落的世界》的作者报告了一个可以给弗洛伊德派精神分析家带来欢乐的插曲。精神分析家知道垃圾的全部价值，因为粪便被解释为婴儿第一次送给母亲的礼物。在小说结尾，绅士猎人给自己的同伴展示了一些价格不菲的钻石。这些钻石是在翼龙污秽不堪的窝里找到的。他在肮脏的黏液中翻找，终于找到了这些原石。宝石是探险中每个人收到的终极礼物。这里，再一次确定的是，弗洛伊德和柯南·道尔的文本之间的共鸣，是关于无意识幻想的主题，而无关解剖学家或与之接近的法医的理性。

在《失落的世界》中，巨大而跛脚的怪物为吃到食物，依靠嗅觉追逐着年轻的记者。它的嗅觉并不迟钝。可怕的场景，被吞噬的恐惧，场景描写得如同一场噩梦，直到奈德醒来。肉食恐龙、巨大的蟾蜍，唤醒了遥远的焦虑，化身为致命水母。不过，我们所看到

---

1 同前，第 135 页。

的解释梦和噩梦、焦虑和恐惧的精神分析辞说，并不基于对掩藏起来的肮脏的、潜在的、有些卑鄙的事物的知晓。它不是一种知识性话语。这种辞说必须以请求作为出发点才能得到表达。不过，当请求没有被说出时，知识就会先行，似乎能够回答当下的问题。

侦探的欲望

"狮鬃毛"一案体现出的就是侦探的欲望。一开始，没有任何请求被提出。没有任何受害者的亲属前来咨询福尔摩斯，甚至连受害者的未婚妻都无比平静，没有要求更多的解释，没有叫嚷着要报仇。因为一个有待解决的技术问题，警员需要求助于侦探。从鞭子抽打的痕迹、干浴巾这些迹象出发，我们推理出了一桩罪行。

但是，这篇小说是《福尔摩斯探案全集》中为数不多的福尔摩斯自己叙述的小说之一。于是我们明白，侦探本人真心希望案件得到解决，因为案件涉及一个谜团，这相当于提出了一个请求。通过华生讲述的故事——因为我们不要忘了，华生也写了一些他本人并未参与调查的案件——福尔摩斯参与其中，就好像他直接让读者参与其中，并处在倾听请求的位置上。从那之后，侦探在自己的无意识记忆中翻找，倾听自己的欲望和回忆，并找到解决方法，通过与警方私下交谈这一中介而解释给读者。

提出请求的形式可能是谜一般的症状，主体再也无法忍受，希望症状能消失。海边尸体的谜团、强迫自己洗澡都可能属于这个范畴。不过，为使这样一个符号具有超越常规理解或普遍知识的意义，还为了它能涉及一个主体，符号还必须被它所朝向的人理解。年轻女孩的脏膝盖并不该注定被布鲁瓦戴看见，法医碰巧看到是因为她的意外死亡。因此，除了总体意义上的清洁结论之外，法医再也无法得出任何其他结论。但是，如果一个人去另一个人的家而没有注意到自己的鞋子上沾到了狗粪便，散发出令人不愿闻到的气味，他会认为人们觉得他是想要令东道主不快。直截了当的解释是另一种暴力，效果甚微的野蛮解释（interprétation sauvage）就在于把主体封闭在各种理解之中，而此处则是封闭在攻击性当中。批评他"您令人厌恶"，就像法医说"这就是一个不贞洁的女孩"，这不能解决任何问题，也不能让任何人死而复生。它再一次占据了主人的位置，即掌握知识的位置。弗洛伊德和柯南·道尔，福尔摩斯和华生，无论是真实存在的人还是小说角色，都在自己的故事中用自己的方式试着逃离这个位置。

显然，福尔摩斯的第一个原型是贝尔医生，他那理性的洞察力征服了观众。但是，我们已经学会了对确定的事保持怀疑，哪怕是从创造角色的人口中说出。虽然小说家的医学背景，毫无疑问地在福尔摩斯冒险的写作中起着不可小觑的作用，柯南·道尔和一位不同风格的医生的相遇同样不容忽视。这次相遇——也许这里略显夸张——让我们进入关于请求的实践当中。

小说化的现实

1880 年，柯南·道尔在快毕业时作为医生上了捕鲸船，极地地区的经历让他激动欢欣。我们在他的作品中处处都能看到这段经历的痕迹。"我明白，这位捕鲸船船长，灰发老人，在濒临死亡的时刻孑然一身，穿着睡衣拖着身体走出房外，而当护士们在很远的地方找到老人时，听见他仍旧嘀咕着：向北推进！"[1]他在自传中写道。这个故事的魔力大到让柯南·道尔忘记了来源。退休的捕鲸人不是别人，正是儒勒·凡尔纳小说的主人公哈特拉斯船长。在人生的尽头，他因为极地后遗症疯了，总是向北边走。《哈特拉斯船长历险记》作为《奇异的旅行》的第二部，通过柯南·道尔这位凡尔纳的勤奋读者之笔成为现实。

结束捕鲸的第二年，他获得医学文凭，但是没钱开自己的诊所。于是，柯南·道尔登上了驶向非洲的客货轮马永巴号。他只记得那里的凶险、热病、鲨鱼和酒精中毒的威胁，危险的航程以船上着火结束。1890年，在《吉尔德斯通公司》中，他和进行不正当交易的船商达成了和解。同样，关于旅行和相遇的回忆让他有了《哈巴库克·杰弗森声明》的素材。这篇作品是医生虚构的日记，解释了1873年空载回到直布罗陀海峡的幽灵船玛丽·塞勒斯特号的真正谜团。叙述看起来如此真实，很多人都相信了这是真人真事。英国殖民当局甚至要出面为关于哈巴库克·杰弗森的虚构辟谣！现实正是这样在柯南·道尔的作品中流动。它持续地挑战现实的边界。时而，小说转变为作者本人体验过的情节；另外一些地方，则出现了有些人讲述的真实文本；还有一些时候作者只是改几个名字让我们猜不出主角是谁。他的经验、个人故事、他的探险，都成为写作素材。柯南·道尔重写的人生里幻想无处不在。

有的时候，他证明小说源于生活。"我和我命名为卡林沃斯的这个个体联手的故事，他独特的性格，我们的分别［……］所有这些就是小说的真实性所在。"[2]在1895年发表的《斯塔克·蒙罗书信》

---

1 柯南·道尔：《我的历险人生》，第56页。
2 同前，第71页。

中柯南·道尔这样坦白。

第二次航海归来后，他决定留在陆地上。下船后，他收到了大学老同学乔治·巴德医生急迫的合作邀请，后者的客户太多无法独自应对。而这一情节被改编进《斯塔克·蒙罗书信》一书中，这一事实得到了柯南·道尔明确的阐述。合作并未持续很久。阿瑟的妈妈在给自己儿子的信中诽谤巴德。巴德偷偷地阅读后找了一个借口摆脱了新合伙人，直到后来他才坦白他们分道扬镳的真正原因。于是，柯南·道尔搬到了朴次茅斯，在那里他遇到了第一任妻子。尽管时间不长，这段经历却直戳人心。

玛丽·道尔因为了解作者笔下的卡林沃斯这个人物，所以有理由担心儿子和他的来往。巴德是个公牛一样的人。他有气度也有力量，强壮且有掌控欲，脾气不好，以一种近乎野蛮的方式打橄榄球，野蛮到无法参加国际比赛。他用武力驱逐了一个扰乱会议的听众；为了避免伤害一位女士，他从三楼跳下；掳走一个未成年女孩并娶了她。他的能量发挥在各个领域。他回应一切，不停地出现在革命性的创造之中。英国海军收到了他的许多旨在让船只更坚固的提议：木头海船应该要有金属帘子，用来覆盖敌军炮弹在船体上打出的缺口；装甲舰要有大型磁铁，让朝向他们发射的炮弹轨道发生改变。与之相比，柯南·道尔关于使用铅丝和步枪在 1900 年建造巴祖卡火箭筒前身的论文，以及 1915 年关于给水手们提供救生衣的建议似乎无足轻重，他的提议看上去不那么有野心，却更现实。

巴德医生的医学实践具有类似的性质。有的人，比如玛丽·道尔，就毫不犹豫地将他视为江湖郎中。作为长期驻扎在一个地区的医学世家的最后一代，他无所不知，既不考虑剂量，又不考虑惯常做法。"我是医生的儿子，我见过太多了。我来自机制内部，我已见识过所有的诡计。"[1]他和自己的同行解释道。不过，这还不够。他的古怪举动吓跑了病人。虽然他继承了父亲位于布里斯托尔声名远扬的诊所，但诊所依然门可罗雀，负债破产。于是，他出发去了未知的地方，搬到了普利茅斯，很快生意兴隆。虽然他的治疗理念并未改变，但是在这里遇到了不错的反馈。正是这个时候他想到了柯南·道尔。尽管周围人比较保守，年轻医生还是回应了自己学生时代的伙伴。柯南·道尔知道他的怪癖，但是看中也欣赏他的天赋、治疗上的远见和创造性能力。他本人也断言卡林沃斯是他认识的人中最天才的那个。尽管之后发生了突如其来的幻灭，柯南·道尔也从来没有完全放弃自己的判断。巴德-卡林沃斯始终是"法国大革命中被推到最前面的人之一［……］法律和道德对他而言都是束缚"[2]。正是这样，他将巴德的一部分注入了自己小说的侦探人物中。福尔摩斯的身上有巴德的影子。

与大他者相遇

巴德的天赋肯定和贝尔或布鲁瓦戴不同。他不进行推理，而是归纳。柯南·道尔被这种我们称为转移的归纳而产生的效果震惊，只是这里使用转移的方式是一种滥用。因为这的确是年轻医生在他朋友的成功中发现的人际关系的动力。

后者并未掩藏自己，他以此为傲，给新合伙人上课。"当我们治疗病人时有两三个基础规则需要遵守……首先，很显然，永远不

1　柯南·道尔：《斯塔克·蒙罗书信》，《新篇和稀有系列》，第 1005 页。
2　同前，第 985 页。

要让他们看出来你们在乎他们。你们之所以同意见他们，只是单纯地出于怜悯和恩赐，你们越让他们感受到见你很困难，他们就越会觉得你们厉害……永远不要犯对病人讲礼貌的错误。"

　　医生同样也解释了让每个病人在看诊前展现出等待之诚意的重要性。他三言两语匆匆处理一些病人，任何时段都允许病人来访，把拥挤的等待室变成消遣的地方，每个人一想到自己将成为下一个展示主体就瑟瑟发抖。此外，医生还以优雅的方式解决了支付会面费用的问题。"你收费便宜，人们会觉得你就只值这个价格。你收费昂贵，人们会觉得你很值。"[1] 由于他只能定一个让人高攀不起的价格，如同他本人公开宣扬的主张一样离谱。因此，他的看诊是免费的。而他妻子在诊所准备并售卖药品的定价则因人而异。如果英国医学协会知道此事定会挥拳反对。柯南·道尔提醒他：

　　　　"您为什么不遵守职业规矩？"
　　　　"所有规矩都是传统医生的事情。"[2]

　　巴德也即卡林沃斯反驳道，同时还对自己的同事表达了最大的蔑视。虽然柯南·道尔这样说，他在《斯塔克·蒙罗书信》中对巴德实践的描述可能还是有点勉强。或许他在这里找到了他画家叔叔在《笨拙》中的讽刺兴致。可以说，他的讽刺漫画预示了20世纪60年代至70年代雅克·拉康和自己的学生在巴黎进行的精神分析实践。漫画包含了所有，或者说几乎所有的元素：短时间的会面，受到重创的病人，对规则的拒绝，一些蔑视，直到协会的威胁，都

1　同前，第 1001 页。
2　同前，第 1005 页。

在拉康的例子中被执行。

巴德是拉康的先驱，或者说是拉康重开了传统的医学实践？其实都不是，但在两个案例中，重点都放在归纳而不是推理演绎上，更看重分析行动而不是疾病的知识，将转移更多视作动力而不是阻力。柯南·道尔明确道，他并不认为巴德是个骗子。"我认为……在所有装腔作势的背后是灵敏的诊断和科学的洞察……在我看来，有些事情证明了，在这些江湖骗术之下他有足够坚实的理由来解释成功。"

在与这位奇特的合伙人共事十年之后，小说家的观点没有改变："江湖骗术这个词用在他身上并不准确，因为该词指示着一种采用做作刻板的方式面对病人的医生，而不是完全按自己的奇特性格以绝对坦率的方式做事的大夫。"[1]事实上，让一位老太太发誓不再喝茶，而是喝可可；或者向一位被认为易受影响的年轻女士保证，第二天十点一刻她就会好起来；这些并不是传统的方式。"他给人的感觉可能是个江湖郎中，但正是这样对病人最有益。"[2]柯南·道尔评价道。有时候，绝对直爽与解释相互重叠。对于一个漂亮的胖女孩，巴德叫道："您吃得太多了，喝得太多，睡得也太多了……去扑倒一个警察，等到被释放以后再回来见我。"对另一个抱怨人生完蛋的人，他建议他喝药水、吞瓶塞，"人要是真的完蛋了，这么做也没什么"[3]。这些话语正中靶心，对主体来说都有意义，对于暴食者呼唤超我，把抱怨的能指钉在抑郁的人身上。

面对自吹自擂却弄错状况的警察，夏洛克·福尔摩斯建议他把

1　同前，第 1002—1003 页。

2　同前，第 1017 页。

3　同前，第 1003 页。

自己关在一个房间里读三个月书。对一个怀有恶意的人，他设下陷阱，像抓老鼠一样抓住他。一个摆足架势却又没落的贵族因为有钱未婚妻的消失而感到愤怒，侦探在他家组织了一次关于重要任务的会面，向他展现什么是荣耀的真正意义。[1]解决事情，以及强调这些事情的重要时刻，并不能缩减为几个说明性的词语。福尔摩斯将这些时刻搬上舞台。他欣赏剧中演员普遍拥有的战栗。受害人、罪犯、警察、无辜嫌疑人都出现在他的办公室里。他们等着他的话语，就像巴德的病人等待着医生的判决。柯南·道尔吸取了合伙人的经验教训。他不能这样实践自己的理论，这不是他的风格，但是他明白了转移的部分对所有成功治疗的重要性。他利用转移让自己笔下的侦探不满足于做一个探案推理的专家，而同时知道如何运用归纳，给自己一个人人都能信任的人物形象。这样，福尔摩斯承接了探案过程中遇到的人和其读者的转移。柯南·道尔的成功超出了所有预期，我们就是他成功的当下见证人。

　　因为福尔摩斯身上所表现的巴德医生的部分，福尔摩斯获得了令他风靡于世的气度。他紧紧抓住了读者。人们蜂拥而至争相购买《海滨杂志》，就像病人们簇拥在普利茅斯的医生家门口一样。福尔摩斯系列作品的成功如今仍在延续，不能简单地将其归结为新式侦探小说。的确，华生医生作为福尔摩斯的同伴和探案的书写者，准确地占据了柯南·道尔在巴德医生身边的位子，或是作者生活片段的小说化描绘中斯塔克·蒙罗医生面对卡林沃斯的位置。因此，被描述的经验正是转移本身。柯南·道尔以斯塔克·蒙罗或者华生之名，与我们分享了这种经验。永远都不应该忘记，无论福尔摩斯和华生的模版是谁，作者才是他们唯一的创造者。同样，精神分析

1　《恐怖谷》第二章、《身份案》、《贵族单身汉案》。

需要弗洛伊德与弗里斯、布鲁瓦戴和其他人的相遇才能诞生，没有哪一段相遇本身就足以解释精神分析的创造。弗洛伊德承认自己从别人身上学来的东西，然而，精神分析的实践是从断裂中浮现的。

勒考克先生

> "您让我想起了爱伦·坡的迪潘……"
>
> "在我看来，他的能力和我完全无法同日而语。"
>
> ［……］
>
> "勒考克先生是否符合您对侦探的看法？"
>
> ［……］
>
> "勒考克只是一个可怜的无能者。"
>
> 他以一种怒气冲天的口吻说道。[1]

  夏洛克·福尔摩斯对华生的回答是毫不含糊的。对话很简短，第一次探案就发生了这样的对话，而且在《血字研究》一案之前就出现了。显然，这是作者为了将自己的作品和先前的探案小说区开来。即使柯南·道尔承认自己对前辈作家的承袭，断裂也是必需的，甚至到了否认自己的英雄的程度："青出于蓝而胜于蓝。"[2]

  骑士奥古斯特·迪潘解开了爱伦·坡书写的三个谜团。1841

1　《血字研究》，第二章。

2　柯南·道尔：《缺乏判断力的批评》(à un critique sans discernement)，《黑色研究》，第218页。（原文直译为："玩具和生产它的人不是同一种材质。"译者注。）

年发表的《莫格街谋杀案》、1844 年发表的《失窃的信》以及 1843 年发表的《玛丽·罗杰疑案》。这些小说柯南·道尔都读过。《爱伦·坡探案集》（1856 年）和《怪异故事集》（1865 年）这些作品都不需要波德莱尔的翻译就能读懂。

勒考克先生——人们这样称呼他——诞生于埃米尔·加伯利奥笔下，1866 年发表的《勒沪菊命案》让这位司法编年史作家摇身成为成功作家。彼时，勒考克只是一个不重要的角色。直到 1867 年的《113 号档案》和几年之后发表的小说《勒考克先生》——讲述了侦探生涯的开端，之后他的影响力才有所扩大。柯南·道尔常常阅读这个无能的人，早就知道这个可怜虫的历险，而且颇为欣赏作者。"加伯利奥的情节非常吸引我，事件清晰，环环相扣。"[1]1923 年他说道。勒考克和迪潘都是柯南·道尔笔下侦探的前身。他们在法国影响很大，可能正因如此，夏洛克·福尔摩斯的祖父才会被作者安排成法国画家韦尔内（Vernet）。

读者很容易发现身在伦敦的小说主人公与这位法国警察的亲缘关系。让我们跟着加伯利奥的侦探到他的第一次调查中，也就是《勒考克先生》中讲述的案件。在犯罪现场，我们看到侦探运用着猎狗般的嗅觉。他来来往往，拿出自己的米尺，大步流星，疯疯癫癫地查验现场，仔细地研究痕迹，训斥自己的同侪，并最终描述出他需要找的嫌犯："这是个上了年纪的男人，高个儿——至少一米八，戴软帽，穿毛呢栗色短大衣，很可能已婚，因为他右手小指上戴着戒指……"[2]

1　柯南·道尔：《关于夏洛克·福尔摩斯的真相》，第 39 页。
2　埃米尔·加伯利奥（Émile Gaboriau）：《勒考克先生》（*Monsieur Lecoq*），香榭丽舍书店出版社，2003 年，第 33—34 页。

这里，我们非常准确地找到了华生参与的第一起案件"血字研究"的开始。福尔摩斯专注于潮湿地面上脚步的痕迹，到处探索、测量，喃喃自语，发出让人难以分辨的小声惊呼。同样，他也提到了一只优良品种的猎犬。他总结的时候描绘出了要找的人："他身高超过一米八，正值壮年……穿着结实的方格底低筒鞋……右手的指甲特别长。"[1]一个人猜出帽子，另一个人知道鞋子，他们一样高，但是年龄不太一样。我们知道发生了什么，不仅因为我们追寻了脚步，同样也因为马车轮子留下的印记让我们可以描述事情发生的经过，就好像我们本人就在现场：车辆在这里等待了一会儿，又在那里猛然掉头。

二十年后，福尔摩斯重现了勒考克的方法。从那以后，读者，机敏干练的侦探，可以从后者的脚步中重新找到前者的痕迹。因为巧合并不只是两个侦探步骤上的一致，还有他们推理的艺术、轻松地让亲近之人都难以辨认的乔装打扮的能力、对普通警察的蔑视、人们承认他们才华时他们的自傲和轻微的自命不凡，种种特征让我们觉得他们的差别可能只有国籍，连一开始的叙述结构都很相似。

比如《113号档案》中，整个第一部分都用来描写调查。勒考克先生根据保险箱门上的轻微划痕推测出一些重要的事情，用化装来改变自己的形象以至于他的同伴认为他可以去当演员。当下的读者发现是福尔摩斯的分身在行动。因为和他的同辈警察不同，他们通常先阅读的是柯南·道尔。我们没有走到最后，之后的调查给漫长的叙述留下位子，在回溯历史的同时讲述了所有导致悲剧发生的波折。最后几页用于总结案件，并给出一个圆满结局。我们还认出

---

1 《血字研究》，第三章。

了夏洛克·福尔摩斯和华生参与的前两个案子《血字研究》和《四签名》的形式，它在《恐怖谷》中也出现过。这里，我们仍处在连载小说的模式中，有着多舛的命运、曲折的情节，也有类似的篇幅长短。

这正是福尔摩斯批评勒考克的地方，加伯利奥是个无能者。"这本书真是让我身体不适。要解决的问题就是指认一个没有身份的囚犯。我二十四小时里就可以完成，勒考克却要六个月。"[1] 也就是说，从最初的探案开始，柯南·道尔，在继承了前辈主人公主要特征的同时，也和加伯利奥的书写划清界限。文本最本质的两部分都更严密，组合更为紧凑，可以清晰辨认出只讲述案件的段落。同样，在发表的第三个案件、第一篇小说——为其他案件铺平了道路[2]——《波西米亚丑闻》中，则只留下了侦探探案的部分。他要得到那张会使名誉受到影响的照片。国王和年轻冒险家过去的爱情很适合详细描述，作者本来可以用很多篇幅叙述意外的相遇、爱情的折磨、偶然相遇和地下恋情的眼泪和叹息。但柯南·道尔为我们省去了所有这一切。

我们从故事的传奇走向技巧的尖锐。重点不再是感情历险，而是如实地呈现侦探面对的案件，如实地展现请求的提出。精神分析关系正是如此，整理成《精神分析五讲》的弗洛伊德的"探案集"，和其他文章一样，都只是一部人生的小说。分析来访者的传记常常令人失望，因为这些传记意识不到在世界上某个与世隔绝的地方只被走过一次的路径。请求的通道，允许我们在每个奇闻逸事的传奇

---

1 同前，第二章。

2 柯南·道尔：《作家精选十四案》（*Les Quatorze enquêtes préférées de l'auteur*），《黑色研究》，第272页。

描述之外和无意识幻想相遇。在《波西米亚丑闻》中，无意识幻想涉及自恋之爱的对象。

在这一视角下，如果侦探不参与冒险，他的感情也不受影响，这是有帮助的。这让柯南·道尔得以和连载小说划清界限，就像精神分析家和许许多多的精神治疗划清界限，这些精神治疗的叙述往往涉及保罗·法瓦尔（Paul Féval）或庞森·杜·特拉伊尔（Ponson du Terrail）的故事。福尔摩斯不是罗康博尔（Rocambole），也不是勒考克。他永远不会直接成为所委托案件的一部分，而加伯利奥笔下的角色则同时处理着个人问题。

《勒考克先生》中希望得到承认的野心和欲望，《113号档案》中对抛弃他的情人的诱惑和复仇，都是其行动的原动力。夏洛克·福尔摩斯对艾琳·艾德勒——波西米亚国王的女顾问——的魅力或许并非麻木不仁，但这不能引导他的调查。这种差异可能不引人注意，但一样具有根本性。差异区分了转移，包括反转移的层面。柯南·道尔将福尔摩斯放在分析的层面，而法国警察依旧多多少少沉浸在《巴黎的秘密》那些戏剧化的壮阔史诗中。

为了将新的书写方式付诸实践，和往常的连载小说划清界限，柯南·道尔必须对自己小说的主人公加以限制。在作者写下的六十年历险中，包括在那些只是被偶然提到的历险中，每个案子都涉及他本人，这几乎不可能。所以，我们在这里面对的是一个卡萨诺瓦式的人物。埃米尔·加伯利奥知道要谨慎运用自己的人物勒考克：《勒沪菊谜案》中，勒考克只是短暂出现，在另外的地方，比如《绞索》中，他则免除了他的责任。在柯南·道尔的笔下，夏洛克·福尔摩斯和华生是小说的中流砥柱。框架就这样得到确定，实践被规定。它也是精神分析的基础：是一种设置，而非一种先验的方法。

奥古斯特·迪潘骑士

"接下来的叙述对读者来说是对我刚刚宣布的建议的明晰评论。"[1]所有区分爱伦·坡和柯南·道尔的方法内容都在于这几个词语，这些词语在四页研究数学思想和惠斯特牌、国际象棋和跳棋玩家的能力的序言之后，宣告了奥古斯特·迪潘骑士将要解决的案子。

迪潘的行动力极强。一靠近描述案件的报纸，就解决了玛丽·罗杰疑案；一天之内就解决了莫格街谋杀案，将失窃的信交给警察局长，让还在搜查的局长目瞪口呆。如果福尔摩斯认为勒考克的能力低下，仅仅是因为这个形象拖延了调查，而英国侦探却没少使用这位著名前辈的探案方法。他在报纸上发布一块毫不起眼的豆腐块文字，设下陷阱；[2]让同伴在街上引起冲突转移注意力，使他得以获取一份文件。[3]他们的推理很相似。他们都懂得，这是一只猩猩而那是一个具有兽性特征的野人（19世纪末的一个"准人"或动物的近亲），是残酷又肆无忌惮杀人的罪犯。只有它们的灵活性才足以攀爬并触及独栋房屋的最顶层。而猴子的主人和土著的主人，都对他们从东印度群岛带回来的生物的所作所为感到震惊。[4]福尔摩斯和迪潘两人都清楚，如果一封不翼而飞的信没有造成什么公共反响、战争或勒索，那是因为这封信还没有开始流传。[5]他们几乎用

1　埃德加·爱伦·坡（Edgar Allan Poe）：《莫格街谋杀案》（*Double assassinat dans la rue Morgue*），《怪异故事集》（*Histoires extraordinaires*），夏尔·波德莱尔（Charles Baudelaire）译，巴黎，伽利玛出版社，"七星诗社"系列，1951年，第10页。

2　爱伦·坡：《莫格街谋杀案》；柯南·道尔：《血字研究》。

3　爱伦·坡：《失窃的信》（*La Lettre volée*）；柯南·道尔：《波西米亚丑闻》。

4　爱伦·坡：《莫格街谋杀案》；柯南·道尔：《四签名》。

5　爱伦·坡：《失窃的信》；柯南·道尔：《海军协定》，《第二块血迹》。

一样的文字多次解释，表面上最简单的罪行其实是最难破案的：例外才能提供线索。认为当其他的可能性都失败时，看似不可能的事情已经发生，这也是他们的共同信条。他们的行为本身让他们互相靠近。在单身生活中，他们乐于给朋友或警员一个惊喜，漫不经心地表现出一种优越性。最后，我们看到，案件一旦结束，虽然不像自己的翻译或福尔摩斯那样沉溺于人工天堂，迪潘也会陷入自己黑暗遐想的老习惯。

值得注意的是，柯南·道尔和爱伦·坡小说之间的联系让福尔摩斯变得可靠。柯南·道尔表明了自己对这个美国人的欣赏："迪潘先生，爱伦·坡的侦探大师是我儿时最爱的主人公之一。"[1]他与福尔摩斯对迪潘的批评划清界限，就像这些批评不是从自己笔下出来的。侦探的判断成为另一个人的判断，而这另一个人独立于作者而存在。

夏洛克，那个侦探，因为缺乏理性的原因，嘲笑迪潘，爱伦·坡的迪潘，说他是"二流侦探"。[2]

如果迪潘是二流侦探，a very inferior fellow（非常下等的家伙），那是因为他的现实部分的确普普通通。柯南·道尔解释了他是如何塑造一个人物的。在迪潘身上，他加上了约瑟夫·贝尔。这样，"福尔摩斯（与迪潘）有所不同，因为他任何时候都可以借用自己科学研究时掌握的详尽知识"[3]。迪潘只是一个爱推理的人，

1　柯南·道尔：《关于夏洛克·福尔摩斯的真相》，《黑色研究》，第39页。

2　柯南·道尔：《缺乏判断力的批评》，第218页。

3　柯南·道尔：《惊人之死》，第248页。

一个传奇的小说人物，爱伦·坡明确说过，迪潘的存在只是为了说明一个理论或是给出一个背景。人物不需要更真实的存在，他可以满足于做一个幽灵。爱伦·坡希望自己成为一个文人，而不是像柯南·道尔一样成为人生的主人公。这位美国的主人公并不坚实可靠，甚至很少在场。除了在莫格街上的一些指手画脚，他还在部长办公室中短暂露面，接受一个秘密任务，满足于阅读玛丽·罗杰案件的相关报道。哪怕是他已猜到叙述者的思想，他的出场依然并不鲜明。而当福尔摩斯顺着华生的思路缓慢前进时，触到的是朋友在战争中的创伤，或是他购买南非证券的意图。这些会引发对原子和伊壁鸠鲁、星星和乌里翁（Urion）的讨论。[1]这些都是会让我们相信一个人物的具体事物。

柯南·道尔对待爱伦·坡作品的方法和凡尔纳相同。后者于1897年在《南极之谜》中给《阿瑟·戈登·皮姆的故事》撰写了一个现实性的结尾。爱伦·坡主人公的小船以惊人的速度朝南极的边缘移动，于是他晕倒在"水面闪着微光的黑暗之中"[2]。小说的最后一章题为"推测"。航海家们顺着皮姆的足迹出发。这一次他们被带向了南极点，发现了玫瑰花罐。一座巨大的司芬克斯形状的磁石强烈地吸引着所有金属船只。皮姆的木乃伊在那里，被金属磁石吸附住的步枪挂在石头上。这就解释了地球的磁性和阿瑟·戈登·皮姆失踪的事实，并消除了爱伦·坡的推测。写作的幻想给科学的幻想留下了空间。对于柯南·道尔而言，《失窃的信》这颗文学界的宝石所确保的现实，不会胜于《阿瑟·戈登·皮姆的故事》。

1　爱伦·坡：《莫格街凶杀案》；柯南·道尔：《住院的病人》《硬纸盒子》《跳舞的人》。
2　爱伦·坡：《阿瑟·戈登·皮姆的故事》（*Aventures d'Arthur Gordon Pym*），《怪异故事集》，第 688 页。

失踪的船员应该被找到，偷走的纸应该被藏起来。不可能把纸放在人人都看得到的地方，哪怕是反过来折；这是一种思考游戏。不过，福尔摩斯读过爱伦·坡，也不缺乏幽默感。在《第二块血迹》中在一块地板下找到不翼而飞的信件之后，是他将信件带到了人人都看得见的地方，也就是房东的小盒子里。

"理论上来说，您有可能没有看到这封信。"他对外交部秘书明确道，他那个时候很高兴在那里发现了这封信。
"您怎么知道信在这里？"
"因为我知道这封信不在别的地方。"侦探坚持道。

对于那些愿意相信的人来说，福尔摩斯就是迪潘。但是柯南·道尔、华生、凡尔纳和我们读者一样，知道迪潘和皮姆的丰功伟绩只在于文学。

放弃过去的实践

凡尔纳的《奇异的旅行》将想要进入非凡旅程的读者带向一次超出小说表达内容的冒险。我们在面对这位作者的时候，也在面对一次实践。我们甚至可以玩笑式地论证凡尔纳创造了精神分析，柯南·道尔创造了精神分析家，因为值得注意的是，两位作者各自作品的开头都是请求的提出。请求的提出在《奇异的旅行》最初几个章节中非常明显，在福尔摩斯那里也很明确，因为他只有在有人来请他办案的时候才会投入一个案件中。

在之前的文学作品中，缺少的就是这种请求的提出。勒考克本人从事的是警察工作，本来就要进行调查。迪潘其实是通过智力游戏来把握问题，从而展现出他超群的推理能力。即使在《失窃的信》中，是警察局长要求他介入的，但他会去探案是因为他本人与部长有事要处理。受害人在任何程度上都不属于他的范畴，都不会向他求救。

柯南·道尔勾勒的原型不是他小说主人公认同的那些人物，也不是内化了图腾的祖先。一个人的特征，另一个人的态度，第三个人的做事方法，组成了福尔摩斯和华生的身体和灵魂，也不要忘了直接来自他们创造者本人的部分。但是这些人只有根植于一个专属于《福尔摩斯探案全集》的动力中，才能获得生命。超过他们所有的祖先，无论是已知的还是未知的，小说家的消失为他们提供了生存的可能性。福尔摩斯和华生诞生于对医学的放弃，也诞生于对文学的某种放弃，诞生于柯南·道尔在自己的历史作品中展现的那种作家姿态。从对传统实践的放弃、对于知识观念的改变出发，可以诞生一种全新的实践。这就是福尔摩斯的历险，这也是弗洛伊德发现的源头。

第四章　侦探事务所

有些地点有一种特殊的呈现模式。它们见证了一个历史时刻，见证了一个人的人生、爱或恨。有些人将其称为记忆之地。它们和现实的联系并不重要，重要的是它们唤起人们的回忆。

人人都可以去参观伊夫岛上关押基督山伯爵的监狱，玛丽·安托瓦内特在巴黎裁判所附属监狱的囚室则是为了游客参观而搭建的。第一个地点是真实的，而关押的犯人中最著名的一位却是小说人物；第二个地点是人造的，失势的皇后的确在相似的环境中度过了她的昏暗岁月。监狱、囚室、宫殿、住宅、办公室、衣冠冢，都有着记忆屏的功能。有时候，它们代表了参观者想要忘记的混乱或暴力、遗弃或背叛。太多的人来过，而每个人都会在那里找到自己的记忆，这就是这些地点的功能，是它们存在的唯一理由。朝圣者在那里与魂魄的气息相遇。

夏洛克·福尔摩斯在伦敦的住宅比真实地点还真实。公正地说，市政当局接受了这种观点：贝克街上的这栋大房子就应该和221B紧密联系在一起，而不能有其他的编号。游客和福尔摩斯爱好者一样，可以坐在侦探的扶手椅上，买上一顶官方认证的帽子，品尝哈德森夫人的茶。神秘感是双重的。虽然柯南·道尔赋予自己小说主人公一个虚构的地址，但他对福尔摩斯的描述却很少。我们只知道他是个高大精瘦的男人，作者将其想象为有着"清秀瘦长的面孔，两只小眼睛靠近一只大大的鼻子，如同一只鸟喙"[1]。身形和衣着都诞生于小说第一位插画家的笔下。柯南·道尔也承认，这些细节虽然和他的想象相差甚远，却非常适合福尔摩斯这个人物。夏洛克·福尔摩斯的外形，粗花呢西装，披肩斗篷，猎鹿人帽，还有两个方便挡雨、偶尔遮阳的帽舌，在文中都没有相应的文字描述。1890年，《海滨月刊》的编辑希望找一个他欣赏的画家来为连载画插画。但是，我们能听到的只是一种像"过失行为"的东西，他们找来的是这个画家的兄弟。于是，是西德尼·佩吉特而非沃尔特·佩吉特，创造出了从此以后极具标志性的不朽形象。西德尼将编辑本人当作创作范本。除此之外，在另一个版本中，西德尼（被柯南·道尔叫作阿瑟）也曾将自己的兄弟当作创作范本（柯南·道尔为他取名为哈罗德[2]！）。

　　虚构的房子，编造的地址，不存在的人物，错误挑选的画家画出的形象，以一个和探案毫无关系的人为范本，这就是主人公的记忆具象化的地点。这更像是异教徒庙宇地基上修建起的上帝之屋，里面存放着不知真假的圣物，也不知它们会保佑怎样的真福；而不像精确图像或者是美式公园中精准重建的公主城堡或海盗船。与人类灵魂相遇，一些不确定性、一些谜团是必需的。

　　对精神分析家而言，贝尔格斯街19号是一个著名的地址，这是弗洛伊德在维也纳的地址。他在那里生活，直到1938年不得不逃去伦敦为止。他在伦敦的新住所位于梅斯菲德花园街20号。如

1　柯南·道尔：《关于夏洛克·福尔摩斯的真相》，《黑色研究》，第48页。
2　哈罗德也是弗洛伊德《詹森的"格拉迪瓦"中的谵妄与梦》中的男主人公，即那位考古学家的名字。译者注。

今这两个地址上都建立了博物馆。维也纳的公寓被翻新过，只保留了这个房客的少量印记。"他们给地板抛光打蜡，躺椅消失得无影无踪。"[1]为我们留下住所记忆的摄影师这样写道。漂亮的伦敦房子可能显得没那么冰冷，但维持的更多是一种传统而非记忆。但是，一位逝去的精神分析家的办公室如何能够保留他身上谜团的痕迹呢？精神分析家的工作室，和侦探事务所一样，空间的价值都在于空间里发挥作用的人。这两种活动需要的物质支持都不多。一张办公桌、一两把扶手椅、一张躺椅，足矣。其他所有的家具都是多余，这意味着技术不是一切。我们所处的不是手术室或者指挥部。弗洛伊德的雕塑收藏，夏洛克·福尔摩斯的一些雕刻作品或蒸馏瓶，都展现出他们的兴趣所在，那就是发现历史的和事物本质的秘密。这些东西是必要的，它们已"足够"见证生活，但不能过多，不能让走进房间的人的注意力被这些东西表现的生活所吸引。这样，每个咨询者带来的谜团才能被听见。

> "请躺下，然后［……］能说多少说多少。"［……］
> 福尔摩斯坐在他宽大的扶手椅上，表情倦怠，眼皮下垂，掩盖了自己蓬勃又燃烧的本性。[2]

侦探坐好了，出于倾听的习惯，时常双手指尖相互碰触。工程师哈瑟利讲述一些导致他拇指切除的意想不到的情况，这是一个奇特的阉割故事。有人给他倒了一杯白兰地，这是精神分析家的办公

1　埃德蒙·恩格尔曼（Edmund Engelmann）序言及摄影：《弗洛伊德之家》（*La Maison de Freud*），巴黎，瑟伊出版社，1979 年，第 27 页。
2　《工程师大拇指案》。

室里不会出现的情况。他狼吞虎咽地吃掉一盘培根蛋。"他饿了，就有人投食。"[1]弗洛伊德在自己关于"鼠人"厄内斯特·兰策的分析报告中这样写道。但这里，我们身处英国，因此食物不是《鼠人》中我们看到精神分析家所写的鲱鱼。分析来访者应该完全在场，不能有太多的内在感情或外在感知让其分心，占据他的身体或思想。

属于我的职业

和弗洛伊德一样，夏洛克·福尔摩斯放弃了催眠。他只为了安抚《红圈会探案》中受惊的客栈主人用过一次。侦探使用他的催眠能力让她能够讲述令她不安的看不见的房客的故事。其他时候，他只需要让客人处在舒适的状态，而不向他们建议话语的内容。这就意味着客人们什么都可以说，不用挑选，不用考虑有些事情是否因为没有价值或者太微不足道而需要省略。

与艺术家、侦探或者分析家的第一次会面，一切都是有意义的，即使没有人知道这些内容将指向哪里。"没有什么比细节更重要。"[2]福尔摩斯不停地对华生和苏格兰场的警员们重复这一箴言。但是，单单注意细节仍不够。要咨询者本人讲述自己的遭遇。话语及其相关的内容都是夏洛克·福尔摩斯想听见的。"威尔逊先生，劳驾您从头重新讲述一遍您的故事。〔……〕这个故事的独特性质让我渴望从您的口中尽可能获得全部细节。"[3]

1　弗洛伊德：《鼠人：强迫官能症案例之摘录》（*L'Homme à aux lèvre tordue*），巴黎，法国大学出版社，1974年，第211页。
2　《歪嘴男人》《狮鬃毛》。
3　《红发会》。

现场调查可以带来信息，但是对于在会谈中展现案件的人来说却是次要的。在《红发会》探案中，调查只是用来确定所有福尔摩斯听红发威尔逊说话时所理解的部分。核心来源于委托人本人之口。也有侦探被直接叫到外面的时候，和《血字研究》中一样，没有准备性的面谈就直接去了现场。他会研究犯罪现场，就像他倾听对谜团的描述一样。但是，他以精神分析家摆脱病历、检测结果或者书面报告的方式处理警方的推理和指示。这些报告或许有它们的中肯之处，但是并不能命中要害。因为如果这些报告能给出解决方案，人们也就不需要来找侦探或精神分析家了。

咨询客户和在福尔摩斯那里一样，可能是"苏格兰场送来的，就像医生有时候会将自己治不好的病人送到江湖郎中那里"[1]。只有医生、医务人员才会有时候对一个人说："我有属于我自己的工作。我猜我是世界上唯一的。"[2] 福尔摩斯可不是普通的江湖郎中。当然，当他在《血字研究》中发表了这一声明之后，他成了第一，也成了唯一。柯南·道尔通过福尔摩斯建立起了这独一无二的工作。

这就是弗洛伊德在《梦的解析》发表时所处的位置。因为独特的创造而孤单，他没有学生也没有追随者。但这种情况只持续了一段时间。这种孤独因为竞争对手和继承者的到来而减轻。不过，夏洛克·福尔摩斯明确道，他的职业只属于他一个人。他独一无二，没有与人分享自己的实践，我们从没看过他和同行商议研究案件。华生是他唯一的对话者，华生医生代表着侦探的另一面。

人物是双重的，福尔摩斯和华生总是两个人待在一起。故事只在两个人物于《福尔摩斯探案集》中最初相遇以后才开始。他们两

1　《退休的颜料商》。
2　《血字研究》，第二章。

个人是一个整体。福尔摩斯和华生在一起，就像精神分析家与自己独处。这种孤独具有奠基性。和自己的相遇，我和我的相遇，让与他人谜团的单独相遇成为可能，摆脱了所有其他社会的、医学的、司法和警方的人为干预。为了让相遇处在实践中心，孤单必不可少。孤独让我们可以远离妨碍治疗行为或是有可能对调查造成干扰的事情。弗洛伊德是一个人，因为他是第一人，但每个精神分析家治疗时都是独自一人，也是因为当一段治疗开始之后，都只能以自己的方式重复建构所需的时间。在这里，人物具有两重性，证明了孤独不是与世隔绝。

二重奏

福尔摩斯只有逻辑，几乎没有情感，而华生只有同情，缺乏智慧。我们同样可以轻易地重新开启弗洛伊德的戏剧理论。因此，华生是第二地形学[1]中的自我，是前意识-意识系统的继承人。医生投注于世界。他热衷于四处走动，被福尔摩斯当成"实用业务指南"[2]。他对上流社会的闲话很感兴趣，因此打听到贵族和加州百万富翁女儿的下一次婚礼。[3]在他们搭档的初期，华生对福尔摩斯的无知大为震惊，因为福尔摩斯对当代文学和政治一窍不通。柯南·道尔甚至将这个形象推向漫画般的夸张程度，因为他笔下的福尔摩斯连哥白尼理论和太阳系都不知道。了解所有这些现实的都是医生。福尔

1　第二地形学指弗洛伊德的"自我、本我、超我"的理论。译者注。
2　因为华生是"自我"，所以他被差遣并为福尔摩斯服务。"自我要侍奉本我、超我和现实世界三个主人。"译者注。
3　《肖斯科姆别墅》《贵族单身汉案》。

摩斯和他解释说，对外部世界的了解对自己而言多么无用，甚至对自己的工作有害。

重要的不是自我孤立，侦探和精神分析家都不是隐士，重要的是在调查或治疗过程中与现实的关系，它关注的不是世上发生的事件本身，而是这些事件对被咨询者而言具有一定重要性。事实只有对某个主体有意义时才是重要的。了解关于赛马的一切没用，但是在大型赛马会上预测肖柯姆王子的运气，对于理解地主的古怪行为必不可少；知道关于婚姻的流言蜚语，对于弄明白年轻新娘的失踪有意义。这可不是狗仔队的窥视。当然，关于所有这些话题，福尔摩斯同样有报纸、年鉴、百科全书和电话簿可以参考，他常常问华生要这些东西来看。但是，的确是华生赋予了福尔摩斯生命，他展现了如同一只变形虫般的自我的伪足和外延，让福尔摩斯拥有了进入世界任何一个地方的能力。

福尔摩斯不是没有抱怨过医生在撰写探案故事的时候融入了太多情感色彩，损害了推理程序的纯逻辑。但是他接受了这种叙事，知道这样的写作才有读者，他的技巧才能得到承认和传播。甚至有一天，当他的搭档想留下他一个人的时候，他对自己的搭档断言："没有我的鲍斯威尔[1]，我会迷失。"[2] 华生是"指南"，是赛马场或者世俗事件；他也是鲍斯威尔，也就是说回忆录作者，是弗罗萨尔特、圣西蒙或者拉斯·加斯。[3] 他见证了有关福尔摩斯的现实，

1　鲍斯威尔（James Boswell）是英国著名文学家塞缪尔·约翰逊（Samuel Johnson）的传记作者。译者注。

2　《波希米亚丑闻》。

3　弗罗萨尔特（Froissart）、圣西蒙（Saint-Simon）和拉斯·加斯（Las Cases），这几位都是著名的回忆录作者。弗罗萨尔特是法国中世纪著名编年史家，著作有《编年史》；圣西蒙是路易十四时期的政治家、作家，著作有《回忆录》；拉斯·加斯是拿破仑的侍从，著有《圣赫勒拿岛回忆录》。译者注。

通过自己的叙事反映了他的活动。他有着双重功能。他是边界，让福尔摩斯不迷失、不虚空，获得皮肤包裹着的肉身。

这正是前辈们没有的：弗洛伊德实践的绝对新意，也在于考虑到了治疗中的分析家本人。虽然一开始对这点的考虑是消极的——弗洛伊德一开始把转移当作障碍，之后才称其为分析实践的杠杆——柯南·道尔的传奇因此和自己的前辈埃米尔·加伯利奥不同。

另一个出现在《勒考克先生》中的人物比法国警察勒考克更像是夏洛克·福尔摩斯的先驱，那便是警察局的人都会去找他咨询的塔巴赉老爹。他待在巴黎的房间里便解决了各种各样的问题，他使用的方法就是后来福尔摩斯会用到的方法。他注重细节，怀疑表面现象，认为似是而非的东西引人犯错。只要推理可信，不惜走向哪怕是闻所未闻的事情。他会猜到奇特态度背后藏匿的原因，并在必要之时使用大开本的《世纪人物传记》。只需把迪潘那种跟随对话者思路的能力赋予他，他就能说出类似夏洛克·福尔摩斯的话语，但只是福尔摩斯一个人的话语。塔巴赉老爹是隐士，因为痛风一直待在床上，不离开自己的公寓。而且，他的活动是秘密进行的，周围的人都不知道他在做什么，警察们知道他的化名"搞清楚老爹"[1]。他只靠年金生活，不收取任何报酬，只出于对艺术之爱而工作，因此不拘泥于任何请求。表面上，这并未给人物增加任何东西，对他的才能没有影响。然而，加伯利奥明白，为了深入谜团，在逃亡的铁路工人背后发现跟着路易十八回到自己领土的流亡者的故事，在法官背后发现拿破仑革命党的故事，[2]这些需要足够远离世界的表面现实和成见。塔巴赉是一个脱离肉身的福尔摩斯，警察们会来找

1　法语原文为 Tirauclair，谐音 Tire au clair，即"弄清楚某件事"。译者注。
2　埃米尔·加伯利奥：《勒考克先生》。

他咨询。他使用"搞清楚老爹"的假名，就像一个神谕，而谜团对他来说不是别的，只是一个待解决的问题。

柯南·道尔的伟大也在于他将两个人物放在一个位置，让他们一起行动，让实践具有一致性。实践不仅仅是找到抽象的解决方案，同样也包括通过倾听话语和在现场搜集到的证据回答每个人的谜团。

福尔摩斯不是占卜者。当苏格兰场的人来找他帮忙，他会用自己的方式和华生一起继续调查。"今后，案子的重量就落在我肩上了，你们就不用再为此烦神。"[1]Upon me，在我身上，这句话能够得以表达是因为有一个"自我"的存在。从那以后，侦探和自己的搭档负责调查。忘掉一开始的请求和抱怨，让他们能够全身心地投入冒险的过程之中，无论结果如何。解释谜团也不一定会让提出的请求得到满足。在这里，《身份案》中的年轻女孩没有任何找到消失的未婚夫的机会：因为那是乔装打扮后的她母亲的丈夫。谜团变了调。从剥夺（privation）出发，苏瑟兰小姐发现自己失去了未来的丈夫，丈夫—符号客体，我们在这里见识了一种阉割，爱的对象是一个想象性的存在。于是，谜团以我们熟悉的词语表达出来：为什么一个女孩想要妈妈给不了她的东西呢？我们明白，这种说明对于来咨询的女孩的人生是有影响的。我们必须放弃不可能的男人，因为他不能成为女孩的丈夫，她可以找别的男人，成为一位妻子、一位母亲。她进入了人类交换的符号系统中。

有时候，结果更加出人意料。《退休的颜料商》中颜料商本人去见福尔摩斯，如同一个医生去找一个偏方正骨郎中，颜料商并未指望侦探的技巧给他带来任何的结果。在这一案件中，夏洛克·福

1　《身份案》。

尔摩斯一开始就让华生负责一些东西。这是从自我到自我的过程。因此，医生很同情前来咨询的退休的商人乔塞亚·安伯利的命运：他年轻的老婆和情人跑了，卷走了他的财产。他们消失了。华生告诉福尔摩斯自己看到的情形："一个完完全全被烦恼压垮的男人。［……］我觉得他弯着的腰真正像是被生活的忧愁压弯的。他并不像我一开始想象的那么体弱，因为尽管他两腿细长，肩膀和胸的骨架却挺宽大。"

"左边鞋子打褶，右边光滑。"

"我没注意到。"

"不，您不会注意到，我认出了他的腿是义肢。不过您继续。"

老人住在郊区安静区域的别墅里。"在古老文化和舒适享乐的小岛中间矗立着这座古老的建筑，环绕一圈的是沐浴在阳光下的高墙，墙上苔藓斑驳，屋脊上也布满苔藓，和墙上一样……"

"别再念诗了，华生，"福尔摩斯严肃地说，"我注意到那是一面砖砌的高墙。"

我们同样也知道这个男人忙于油漆活计。"我们应该做些什么让这颗痛苦的心放松。"华生赞同这一解释。

打开绳结

我们理解了他们探案的方法：有一个人说，另一个人倾听。倾听的人不让自己被幻想中的美人鱼、太阳、地衣和青苔迷惑，而是注意到砖块所象征的封闭。福尔摩斯在技术上走得甚至更远。就像他在其他案件中一样，他打发华生和忙着刷油漆的房主安伯利远离了这间屋子，在房主缺席的情况下参观了一番。自我也是压抑的守护者。接着以提问的形式，解释出其不意地来临："您怎么处理的尸体？"一瞬间，乔塞亚·安伯利的灵魂在华生的面前显露了出来。死亡的欲望出现在灯光下，压倒了这个商人。男人试图自杀，但是福尔摩斯阻止了他，所以没有见诸行动。不寻常的方法往往最有用，他之后对警察解释道："比如说，你们和你们习惯说出的常规警告可能会反过来被用来针对你们，你们从来没能欺骗这个匪徒，没能从他那里获得某种招供。"[1]

国际象棋棋手、退休的颜料商输给了福尔摩斯，因为福尔摩斯不会玩症状的游戏、自我的游戏。由意识颁布的规则在这里行不通。分析家和侦探都不按常理出牌，在欲望的游戏中，他们作弊换掉了骰子。[2]安伯利在文中具有的贪婪和吝啬，使人们可以猜到他使用油漆背后的压抑机制——气味必须遮盖罪行；咨询者的矛盾情绪，从他矛盾的请求中表达出来，对于所有实践者来说，都标志着退休颜料商的强迫症的维度。在面对死亡的永恒挑战时，棋手的立场，福尔摩斯介入的风格本身，利剑一样的解释，唤起了类似于弗洛伊德在对"鼠人"的分析中所运用的治疗行为。我们可以加上对管道中排出气体的使用，还有如同粪便一样被丢弃在废井中的尸体，以完成这幅强迫症的临床图景。弗洛伊德、梅

---

1 《退休的颜料商》。
2 参见弗朗索瓦丝·多尔托（Françoise Dolto）：《欲望游戏之作弊骰子和花招纸牌》（*Au jeu du désir les dés sont pipés et les cartes truquées*），《欲望游戏》（*Au jeu du désir*），巴黎，瑟伊出版社，1981 年。

兰妮·克莱因和拉康在这里相聚。

不过，我们要当心不要被类比的想象迷惑。不正是因为他从事医学，柯南·道尔才获得了某些有关人类灵魂和专属于每个人个性的知识？比如强人所难者或诱惑者，吹毛求疵的人或宽宏大量的人，强迫症或癔症，有时候连他自己也没意识到。但他没在这里走得更远。幸好作者没有被归类为心理小说家。他的主人公站得住脚，因为他们都有很强的独立想法，荣誉永远是他们的脊梁。

因此，想方设法地将福尔摩斯解决的每个案件写成需要再次确认概念正确性的，某个特征、症状或者机制的重要性的分析叙事，这是不恰当的。将分析强加于一个文本，这对文学没意义，会使文学误入歧途；对精神分析也没意义，因为精神分析只在文学中找到自己所灌输的内容。另一方面，我们同时看到的是倾听的练习和技巧，它们构成了实践的基础。福尔摩斯和弗洛伊德，在一些准备之后，能够分享同一个办公室。

> "这些都是有特殊问题的人，他们希望我给他们一些启示。我倾听他们的故事，他们倾听我的评价，然后我把我的酬金拿走。"
>
> "您是想说，即使您从未离开您的房间，您也可以解决其他人无能为力的问题［……］？"
>
> "正是如此。"[1]

对话是明确的。和华生一起，我们发现了一种新的职业。夏洛克·福尔摩斯不是爱伦·坡想象出来的业余爱好者，也不是警官或

1　《血字研究》，第二章。

者加伯利奥笔下那个吃利息的人。迪潘、塔巴赉老爹、勒考克调查谜团、解决案件都是为了寻开心。的确，前两个人都不靠探案赚钱，当然迪潘也不会拒绝额外报酬，而年轻的勒考克也可以满足于和自己的长官探长一样的警员日常。他们中没有一个人有责任接待一个循着他们的名字和地址来找他们的人，也没有这种责任带来的专属于他们的职业活动。他们的成功让他们具有价值，获得荣光。勒考克在第一个案子结案的时候被提为监察员，跑去订购了一枚带有徽章和铭文的图章，他刻上 semper vigilans[1]，得到了贵族待遇。他没有创造新的实践活动，但得到了晋升。夏洛克·福尔摩斯保持低调。他常常将与自己的成功相关的荣誉让给苏格兰场的人。雷斯垂德和格雷格森在《血字研究》的最后获得了勋章。阿瑟尼·琼斯从《四签名》中罪犯的逮捕里获得了好处，而在《退休的颜料商》中，私下交易毫不含糊。

> "我从现在起消失。"［……］
> 警探看起来着实松了一口气。
> "感谢您的好意，福尔摩斯先生。"
> "赞赏或是责备对您而言很重要，但对我们来说都无所谓。"

福尔摩斯不需要祝贺。他只需要与华生分享自己的心满意足。他可以免费探案，警探请求他帮忙时他就不收费，但这种参与始终处在职业框架之中。柯南·道尔以同样的方式在自己朴次茅斯的诊所里接待贫穷的客人，为朋友和家人治病。通常情况下，警探不会

---

1 拉丁语：保持警醒。

忘记支付酬金。酬金代替了荣誉，减轻了债务。镶在金鼻烟壶上的紫水晶，戒指上的钻石，领带夹上闪亮的祖母绿都是贵族赠送的礼物，公爵则送来一张大额支票，秘书准备好付出自己拥有的一切，年轻的未婚妻请求侦探等待她婚后获得资产后再支付咨询费用。[1]不过，福尔摩斯也没有什么义务一定要去做，他常常拒绝帮助富豪或权贵，除非案件能够激起他的兴趣。[2]他也会请炫富的百万富翁打道回府。"我的咨询是有固定收费标准的。"[3]他这样和一个黄金大王说。

一个自由的实践

侦探登记于一种绝对自由的实践当中，这对精神分析而言也必不可少。实践对活动本身具有构建作用。没有第三方的干涉，无论是警察、医生还是社会人员；不需要向某个机构汇报，无论是苏格兰场、警察局、医院还是诊所。客人遇到一个专家，后者要么接受请求，要么拒绝介入。如果他接受了请求，事情也仅仅牵涉他们两方。无论如何，在建立起的关系当中，所有东西都有其意义，包括报酬。福尔摩斯之所以会接受海伦·斯通纳这位将要结婚的年轻女孩婚后再支付调查费用，是因为这种支付方式可以突出"斑点带子案"的症结所在。海伦和自己的继父一起生活，而在她结婚之前，继父都有权支配海伦去世的母亲留下的财产。他想要杀了她，就像

1　《身份案》《布鲁斯–帕丁顿计划》《修道院学校》《斑点带子案》。
2　《黑彼得》。
3　《雷神桥之谜》。

他在她的双胞胎姐姐订婚时杀了她姐姐一样。

《雷神桥之谜》中，福尔摩斯放弃了富有的尼尔·吉布森提出的巨款和名誉，拒绝别人买断他的自由。他拒绝了这个客户。

> "行吧，这是您的选择。我猜您对破案有自己的想法。我不能违背您的意愿强行把案子交到您的手上。但今天早上您选错了，福尔摩斯先生，因为我毁掉过比您强壮的人。从来没有人能成功地挡住我的路。"
>
> "这种话我听过无数遍了，但是我还在这里。"福尔摩斯笑着说。
>
> 黄金大王走出门，又跑回来。
>
> "您有权利了解任何情况,我只是希望您能做得更好。不过，我可以向您保证，邓巴小姐和我之间的关系和这个案子无关。"
>
> "有没有关系我说了算，不是吗？［……］只有想要为难医生的病人才会掩盖自己的症状。"

精神分析家会说，正是因为没向自己的客户让步，侦探保留了探案的主动权，即治疗的方向。他可以让吉布森坦白对孩子们的家庭教师邓巴小姐不可割舍的爱。而这份爱正是案件的核心。尼尔·吉布森妒火中烧的妻子，正是为了让邓巴小姐受到谋杀的指控而自杀的。

如果海伦·斯通纳的咨询费用由社保负责（这里"社保"的叫法非常贴切），那么支付期限的问题就不会出现，她恐惧的真正原因也就不能得到呈现。

如果尼尔·吉布森满足于地方警察的调查，他就什么都不会承认，地方警察很有可能满足于人为制造出的针对年轻家庭教师的那些难以驳斥的证据。黄金大王也就不会暴露出他的权力也有边界。通过挫败黄金大王自我想象的不可一世，拒绝屈服于他的自命不凡，福尔摩斯正是这样让真相浮现。我们可以走得更远一些，强调一下费用问题所揭示的案件内容。第一个案子，涉及女人的珍宝，在这个问题中她们用任何可能的方式获得享乐。第二个案子中，自以为最厉害的人不是上当最少的人。

因此，在以倾听主体为基础的实践中，完全的责任、无需任何委派，都是必不可少的。这种职业活动是全方位的。必须是主体对另一主体说话，必须排除所有外部干扰。每个人所独有的抵抗，足以让这个实践坚固可靠。

一种兼收并蓄的训练

"我觉得他挺精通解剖，也是一流的化学家，但是据我所知，他从未受过完整的医学教育。他的研究不连贯，而且古怪，但累积了一堆非同寻常的知识并让他的老师们都震惊不已。"[1]任何职业都需要培训；全新的实践，教学内容自然就是陌生的。陌生，在于内容的混杂程度而不是内容本身。内容呈现出四分五裂的样貌，在《福尔摩斯探案全集》一开始向我们介绍了夏洛克·福尔摩斯的华生医生强调了这一点。

神经科医生对脏膝盖和污秽仪式感兴趣，英国大学的毕业生对哲学一无所知，却知道犯罪年鉴和雪茄烟灰。"分析教学同样包括

---

1 《血字研究》，第一章。

了与医学相差甚远的学科，可能在职业活动中并不会用上〔……〕如果在这些领域中没有好的引导，分析家只会封闭在对自己习得的材料的部分理解中。"[1] 弗洛伊德之后的精神分析家们，以及福尔摩斯之后的侦探们正是这样培养起来的。他们以另一种方式组建了自己的知识体系。他们获得了一种全新的视角。他们发明了新的职业。这种新职业与占卜划清界限，在拷问谜团时始终在场。福尔摩斯不是神，弗洛伊德也不是预言家。对符号的解释和释梦进入了职业阶段，扎根在对期待的回应之中，无论其想象的特征是什么。精神分析和福尔摩斯实践一样，不是上天馈赠的礼物，不是神力显灵或继承的遗产，它允许任何一个人宣布自己成为精神分析家。无论弗洛伊德将精神分析定性为世俗的（laïque）还是非医学的（profane），其关注点都在我们称之为科学的层面。

> 在我看来，福尔摩斯几乎就是个科学家。他近乎冷漠。我相信他给朋友喂一小撮最新研发的植物碱〔……〕只是出于科学精神，只是为了准确地了解生物碱的效果。公平起见，他应该也会喂自己吃一小撮。[2]

我们在这里得到了一个对教学分析不错的定义：毒死别人不如毒死自己！柯南·道尔的科学和弗洛伊德的科学相逢，弗洛伊德的科学源自主体经验。

福尔摩斯牺牲自己获得长进，也就是说，在他的培训中有自我

---

1 弗洛伊德：《非医学的精神分析问题》（*La Question de l'analyse profane*），《弗洛伊德全集 / 精神分析·18》，第 73—74 页。
2 《血字研究》，第一章。

分析的一部分，他在华生的倾听下也学到了很多；自我分析只有在华生也是一个独立人物时才有可能。于是，他占据了类似弗洛伊德身边的弗里斯的位置。"或许您不是真正的光，但是您有传递光的能力。"福尔摩斯没少打趣。"当我和您说您启发了我，说实在的，我想说的其实是，我往往是在纠正您错误的时候走向真相的。"[1] 这样，华生许许多多的过失都是错误的解释，而它们揭示了真相。侦探在自己的职业生涯中明确了医生的在场：如果没有医生，他就不是自己了，没有什么比对医生讲述案情更能够使侦探变得清晰的方式了。更重要的是："您具有沉默的天赋，华生。这让您成为极为珍贵的同伴。"[2] 福尔摩斯的动力与华生的在场息息相关。这一传递光的向导，无论是通过话语实现还是通过沉默实现，占据的这个位子，就是分析家的分析家占据的位置，是弗里斯相对于弗洛伊德的位置，但治疗末期不算在内。虽然在分析过程中没有外在的第三方，但是却存在一种我们称之为内在第三方的东西，即精神分析本身，它首先是一种理论话语，通过分析家自身的分析才能获得生命。在柯南·道尔那里，这也是华生医生起到的作用。

分析的风格

  大部分的人，如果您给他们描述一系列的事件，他们都会告诉您结果是什么。他们能够记住全部的事实，然后

1　《巴斯克维尔的猎犬》，第一章。
2　《歪嘴男人》。

基于这些事实推断之后会发生的事情。但是，仅有很少的人，如果您给他们一个结果，他们就能想象出走向这个结果的每一个步骤。我称作"反向推理"的正是这样的能力，或者也可以视其为一种分析方法。[1]

现在我们就处在弗洛伊德实践的核心，柯南·道尔和弗洛伊德用同一个词描述这种实践：分析。我们也不会惊讶于发现夏洛克·福尔摩斯的名字出现在弗洛伊德笔下。

"我回答道［……］看上去以夏洛克·福尔摩斯的方式，用微弱的线索猜测事实（根据您的信息自然是肯定能够成功），我向他推荐了一个更为值得尝试的解决办法，可以说是精神内部的解决。"不过，并不是因为福尔摩斯将自己的技法称作分析性的，或是因为弗洛伊德曾在一封通信中将自己与福尔摩斯进行比较，于是我们可以肯定这两种实践的重合。弗洛伊德1909年6月写的这封信是寄给自己的学生卡尔·荣格的。彼时，荣格与自己的一位病人、未来的精神分析家萨宾娜·斯皮勒林之间的关系遇到了问题。后者来找弗洛伊德，弗洛伊德建议她自己解决问题，这就是精神内部的解决办法。同样，对弗洛伊德而言，扮演夏洛克·福尔摩斯，做出猜测的样子，而在别处获取信息，实际上就是放弃精神分析家的立场。不过，在同一封信件中，他建议荣格保留自己的科学的方式："考虑到我们所处理的物质，实验室中的小型爆炸永远无法避免。"[2]我们在其出了名的医院实验室中再次见到福尔摩斯。相逢没有在显

1　《血字研究》，第十四章。
2　弗洛伊德与卡尔·荣格1909年6月18日的信。弗洛伊德：《书信集》，第一卷，第312—314页。

而易见的地方发生。侦探的调查即使是分析性的，也不会是精神分析；精神分析家，虽然以夏洛克·福尔摩斯的方式工作，但他也不是侦探。正是对"显而易见"的拒绝使得两种实践走到了一起。它们所共有的更多是一种风格，而不是一种方法。

质疑显而易见之物

　　这种质疑显而易见的事情的行为，从第一次调查起就不断出现。在犯罪现场，福尔摩斯并不着急。他预言道："在获得所有元素之前就搭建一个理论，这是巨大的错误，会误导判断。"我们不要以为自己从第一次会面起就什么都知道，弗洛伊德的这句名言，每个精神分析家在从事精神分析工作的最初往往难以接受，这点太像华生了。"我以为夏洛克·福尔摩斯会冲进房子，沉浸在对谜团的研究之中。没什么比这更离谱的了。根据不同的情况，他带着一种几近做作的漫不经心，大步流星地从人行道的一头走向另一头，心不在焉地看着地面、天空、对面的房子和栏杆。"[1]无论是面对犯罪现场的物质现实，还是通常情况下当他的客户们与他说话时，福尔摩斯都保持着表面上的这种心不在焉。他保持沉默，惜字如金，从来不会让任何人感觉他们描述的事情令他个人感兴趣，否则他的客户们就会像撬不开的牡蛎那样闭嘴。他倾听着，不轻易相信一般印象，而是关注细节。[2]这些细节也被理解为语误或是过失行为。它们都被听见了。并非所有的琐事都具有意义，并非所有的意义都准

1　《血字研究》，第二章。
2　《皮肤变白的军人》《四签名》《红发会》。

确合理。悬浮注意支撑着倾听，福尔摩斯表面上随意、懒散、漫不经心的态度背后的东西，让我们得以挖出能指。这种东西和柯南·道尔笔下苏格兰场警员们专注在搜寻结果的警觉性不同。侦探想要理解案子，而警察想要结案。福尔摩斯的分析，让从一些了解的事实和案情出发得出结论成为可能。精神分析家们所说的治愈只是治疗的附加效果，正是这个意思。

格雷格森和雷斯垂德这两位苏格兰场最灵敏的警探，在华生和福尔摩斯到达劳列斯登花园街 3 号之前，已经就位。他们向侦探请求帮助，为这栋空房子的无名尸体找到解释。尸体检查完就被带走了。这时候掉出了一个女式结婚戒指。这就让事情变得复杂，它是一道附加的谜题，格雷格森抱怨道，而对于福尔摩斯来说，这个事情反而让案件变得简单。的确，每个元素在能指链中都有自己的位置，元素的数量越多，案件就变得越准确。不过，也不要急着去确定每个细节的意义，要提防显而易见的东西。

在雷斯垂德发现并用火柴照亮之前，墙上的血字都没有被人看到。RACHE 五个字母是大写印刷体。警员从这个发现中立刻做出推理："作者想要写瑞秋（Rachel）这个女性名字，但是被打断了［……］。肯定有一个叫瑞秋的女人和这个案子相关。"这一点和女式戒指的发现相符。只有夏洛克·福尔摩斯在这些证据面前暗笑。他继续自己独特的调查。之后，在离开前他揭示了案子，这是一个毒杀案。他还对凶犯进行了描述，身高一米八，正值壮年，抽印度手工雪茄，和受害者一起乘坐出租马车来到这里。他还补充了一些细节，最后以一句讽刺的话结束会面："Rache 在德语中是'复仇'的意思，因此别再浪费时间去找那个叫瑞秋的年轻女士了。"[1]但

1　《血字研究》，第三章。

就算这样，他仍然没有和盘托出。

解释并非说明，解释是有所保留的。咨询者、分析来访者不是学生，他们不是什么都得知道。走自己的路是理解发现的唯一方式。这个步骤中有一种助产术。因此，福尔摩斯只有对华生才会展现出他对案情全部的了解。"这个案子不是德国人做的。虽然 A 这个字母［……］多多少少是以德国方式写就的。但是真正的德国人总是会用拉丁字母的方式写大写字母。［……］这就是一个诡计。"[1]

这样，在这个故事中，不再有虚幻的瑞秋，也没有什么德国复仇者。光有方法还不够，我们还要知道如何运用方法。不满足于显而易见，注意细节能够为我们带来更多收获。要提防看似确定的事情，哪怕看上去是用敏锐观察力才能发现的证据。最聪明的解释不一定是准确的解释。福尔摩斯的风格就是与调查方法保持距离。

推理艺术

推理成为人物的标志性特征。有些推理看上去则有些随意。调查之外，转移之外，推理是一项表面功夫。福尔摩斯猜出华生曾在阿富汗服役，通过一块手表描绘出他的兄弟，跟随他的想法，察觉出他代理人身份之下隐藏着海军部队中士身份。有时候，夏洛克和自己的兄弟迈克洛夫特相互比赛。每个人都补充了一些内容，为了明确俱乐部窗户外面看到的路人的人生，一个退伍军人，鳏夫，承担家庭的责任。同样我们也知道侦探可以让自己的客户印象深刻，比如向斯通纳小姐描述她的旅行，载她去火车站的轻便马车中她坐

1　同前，第四章。

在马车夫的左边。[1] 这种戏剧性的演绎，无论它多么辉煌，若离开了治疗的背景，会给出一种欺骗的形象，精神分析解释对它的使用也是一样。离开治疗背景，最好的情况不过是制造意义，最坏的则是野蛮分析。夏洛克·福尔摩斯的推理只有在调查的动力中才具有真正的价值。

在《银色白额马》中，福尔摩斯的好奇心被纯血宝马消失的那个晚上的一道菜勾起来。咖喱羊肉成为逻辑链的第一环，因为侦探猜到马夫的餐盘里有安眠药。调味料掩盖了鸦片的味道，之后，狗的安静意味着来的是熟人，这是逻辑链的另一个环节，指向了马消失的责任所在。解释，即对一个事件是一个能指的承认，只有当它的视角与历史的其他部分相结合时，才有可能。

在另一个案件中，遗言的草稿被交给了一个年轻公证人约翰·赫克托·麦克法兰，并由他誊清。《诺伍德的建筑师》里，约纳斯·奥德克想要让公证人本人成为全部遗赠财产的承受人。晚上，奥德克消失了。有些痕迹让人猜到一桩谋杀案。于是麦克法兰成为嫌疑人。在被逮捕之前，他躲在福尔摩斯家避难，并向他讲述了自己的故事。侦探注意到，遗嘱的草稿有些奇怪。有几行非常清晰，如同打印出来的一样，另一些却难以辨认，甚至完全看不出来写了什么。"这是在火车上写的；写得清楚的部分是在火车停留时完成的，而不清楚的是在火车行驶中写成，完全看不出来的部分是在岔道的时候写下来的。［……］写作的人在郊区火车上写了这份草稿，因为只有大城市郊区的火车才能短时间内通过一连串岔道。"他评论道。雷斯垂德到了。他想要逮捕麦克法兰。福尔摩斯试着维护自己的客户。

1　《血字研究》《四签名》《跳舞的人》《硬纸盒子》《住院的病人》《希腊译员》《斑点带子案》。

"如果一个人只是随便写写遗嘱，不是很希望遗嘱生效，他才会这样做。"

　　"是的，同时他还签署了自己的死亡判决，"雷斯垂德列举了对麦克法兰不利的证据，并总结道，"这些还不够显而易见吗？"

　　"我亲爱的雷斯垂德，让我震惊的是，这是一个太过明显的线索。"福尔摩斯说道，"在您各种优良品质之中，恰恰缺乏了想象力这个优点；但是如果您可以稍微置身于这个年轻人的位置，您会选择立遗嘱的这一天来犯罪吗？"[1]

无所作为。警察只把这些线索加在一起：具有价值的文件、手杖、血迹、一堆烧过的木头和焚后的碎片。对雷斯垂德来说，每个证据都比对主体更有意义的东西重要。他控告年轻人谋杀。夏洛克·福尔摩斯的建议没有效果：显而易见的证据比想象更有力。一个精神分析家不会将自己当作分析来访者，他不会把自己与分析来访者混同。不过，福尔摩斯称为想象力的东西展现了这样一种倾听的实践，这种实践不在于解密符号，而是在主体的历史中听到有意义的东西，并将其与没有意义的东西区分开来。这里我们要想象，留在桌子上的纸或者忘在那里的手杖，在年轻公证人的故事中，如福尔摩斯所说，没有那么多意义：如果他真的犯下了这桩罪行，他就不会这样行事。不要因为证据与猜测相符，就可以忘记对嫌犯来说有意义的部分。

1　《诺伍德的建筑师》。

曾经有一个时期，人们建议所有新的分析来访者避开精神分析的相关阅读、会议和研究。这样就能避免因为拥有材料而形成一种"好的"分析来访者的话语，这种虚拟的话语会把自己隐藏起来。博学的阻抗为分析者提供他们以为的分析家嗜好的东西，以同样的方式，理想嫌疑犯留下了一些完美的痕迹，提供了毋庸置疑的证据，给出了让雷斯垂德这样的警员非常满意的素材。证据是一个面具。当然，《诺伍德的建筑师》中的罪犯并非一切证据所指的人。全部证据都是根据警察的意愿准备的，假装出来的话语遮掩了真相。并没有谋杀，是约纳斯·奥德克想要让别人相信自己被谋杀。案件中，他爱上了约翰·麦克法兰的妈妈却被拒绝，就以陷害的方式报复这个年轻人；破产的实业家消失了，他制造了另外的身份。

　　"我感同身受。（I felt it in my bones.）"夏洛克·福尔摩斯的确定来自转移。因为，第一时间他无法在所有初步的证据中发现破绽。基于对自己的认识，福尔摩斯获得了一种确定。在所有物质推定之外，他投入《诺伍德的建筑师》的案件中，站在雷斯垂德的对立面。一个是客观的知识，另一个人是接受主观的转移。

　　正是因为他的确信，福尔摩斯将推翻证据。诺伍德房子的墙上发现了一个有血迹的手指印。对于雷斯垂德而言这个证据确凿：这就是年轻公证人拇指的手指印。对于福尔摩斯而言这是一种伪装：他知道在第一次来这里时没有看到这个痕迹。于是，痕迹进入了另一个能指链条，伴随着约纳斯·奥德克爱情和金钱上的挫折。福尔摩斯最后之所以能给出一个不可能的推理，是因为他将自己放在了主体的位置上，识别出了房子的建造者幻想中的内容。"这就是做承包商的好处。［……］我确信那家伙就藏在房子里。当我在这条走廊上数着脚步时，我发现这条走廊比下面那层同一个走廊短了快两米，我立刻就明白了他在哪里。"[1] 因此，只需要大喊"着火了"，侦探就足以让这个凶狠又爱报复的坏家伙现身：他没有足够的镇定让自己在警报期间都保持安静。约纳斯·奥德克出来了。案子因为福尔摩斯两个侧面的推理得以解决：一是主体的转移性知识，虽然在这里这种认识被价值判断所掩盖；二是对能指的使用，即建筑中和人物有关的藏身处。

对文化的间接运用

> 观念之间的相互作用和对文化的间接运用（oblique uses of knowledge），往往会带来非凡的益处。[2]

没有一个精神分析家能够反驳福尔摩斯的这一看法。的确，如果说推理艺术是夏洛克·福尔摩斯工作中最令人叹为观止的部分，而解释是精神分析实践的顶点，那么两者都依仗了一种知识和技术认知。推理的恰当离不开主体话语和侦探科学之间的相遇。侦探必须是大家假设掌握了知识的那个人，正是这样，人们才会来向他求助，才能向他说出自己的请求。但是，光是假设还远远不够。

这不是一个培养无知的问题，也不是一个认为福尔摩斯式侦探和弗洛伊德式分析家都是简单的共鸣箱的问题。弗洛伊德希望精神分析家拥有具体的知识，"文化历史、神话学、宗教心理学和文

1　《诺伍德的建筑师》。

2　《恐怖谷》，第七章。

学科学"[1]都包括于其中。这让一种对文化知识的间接使用成为可能。听拉康的讲座需要掌握一定的文化，将各种想法的效用巧妙地结合起来，关键在于这不会成为一种单一的拉康文化。纵横字谜、词源学在分析实践中和力比多发展阶段的知识一样有用。"为了将［……］这种艺术带到更高的层级，需要逻辑学家能够运用所有他了解的事实，你们很快会看到，这需要对所有科学的全部掌控力，即使在免费全科教育的时代也是罕见的能力［……］。这是我努力要达到的程度。"[2]当我们为福尔摩斯的知识量所震惊，福尔摩斯多次明确他的职业就是需要具备这些知识。他可以通过打印字体认出打印机或是报纸，区分 75 种不同的香水，42 种轮胎压痕或 140 多种香烟、雪茄和烟草的灰烬。他知道水手系什么样的绳结，甚至可以从自行车压痕判断出自行车行驶的方向。他写了几篇不同主题的专著，专业到我们希望关注这些主题的人可以把这些论文打印出来。诚然，精神分析家不会撰写这样的专著，虽然他们也发布了类似于《耳蜗与耳道，性感区域》《蜘蛛，梦的象征》[3]这样的作品。《关于无花果叶谱系学》或《风筝，勃起的象征》[4]同样展现了福尔摩斯式的知识储备。有必要为了这些新的职业建立一个初步的文库。

有的时候临床知识相互印证。对想象的科学运用[5]导向了弗洛伊德不会否认的结论。有些结论和诊断经验联系在一起。夏洛克·福尔摩斯在对面的人行道上发现了一个停下的女人，"她的身体摇摆

1　弗洛伊德：《非医学的精神分析问题》，第 73—74 页。

2　《五粒橘核》。

3　参见卡尔·亚伯拉罕（Kart Abraham）：《梦与神话》（*Rêve et mythe*）及《力比多发展》（*Développement de la libido*），巴黎，帕约出版社，1965 和 1966 年。

4　参见桑多尔·费伦齐：《作品全集》，卷一及卷二，巴黎，帕约出版社，1968 年和 1970 年。

5　《巴斯克维尔的猎犬》，第四章。

［……］，她的手指在玩手套上的纽扣。突然她向前猛冲，像一个游泳的人跳入水中那样，跑着过街，然后我们听见用力的铃声"。

> 我曾经见过这些症状［……］。人行道上的犹豫总是指向一种"心案"。她喜欢有人给她提供建议，但是又寻思着沟通某类的问题是否太过微妙。[1]

摇摆、犹豫、怀疑，这些都是精神分析家们在第一次会面时会碰到的。即使他没有透过窗户仔细查看，他也能知道走向精神分析家办公室的躺椅的步伐有多么拖延，直到下定决心的那一刻。问题的确在于离开岸边，投入对未知的探索当中。有时候，决定是突然做出的。"当一个女人被一个男人严重地欺骗，她便不再犹豫，通常的症状多是一条断掉的门铃绳。"[2]嘲笑一个女人，欺骗她，拿走她的爱，一个男人在阉割的维度和这个女人在一起。不再犹豫，这已经意味着进入了转移。这样，受伤的女人在专业人士的办公室中重新演出阉割的幻象。断掉的门铃绳是一个美丽的意象。精神分析家可以把这个意象加到象征的名单中，位列耳形蝴蝶、蜘蛛、无花果叶和蝙蝠之后。

> 当一个女人认为家里着火了，她的本能会让她冲向她觉得最有价值的东西。这是一种完全不受控制的冲动［……］。一个已婚女人抱起她的孩子，而一个未婚小姐

1　《身份案》，文中为法语。
2　同前。

会冲向她的珠宝盒。[1]

类似的精彩论述我们会在《日常生活的精神病理学》中的某页读到，或者是在一些关于女性性学研究的文章中得到说明。夏洛克·福尔摩斯这样发现了艾琳·艾德勒藏匿她与波西米亚国王爱情的地点。对于艾琳而言，她看中的是珠宝盒。福尔摩斯坚持这一点，这一观察同样让他解决了阿恩沃思城堡的案子，以及达林顿顶替丑闻的案子，两个案子都没有出现在《福尔摩斯探案全集》中。

这是要展示冲动的普遍性和与事物的关系。解释、推理、对技术的运用依附于展现了理论的临床实践。柯南·道尔提供了一个反例。在《贵族单身汉案》中，年轻新娘在婚礼当天消失。警察找到海德公园的蛇形湖泊上漂着的一条裙子、新娘花冠和面纱。对于雷斯垂德而言，年轻女人的尸体应该就在水底。"根据这个绝妙的推理，所有的尸体都应该在自己的衣柜旁边被找到。"福尔摩斯辩驳道。恰当的推理应当依附于准确的理论，而不是某个偶然的巧合。

恰当的解释依附于一种关于冲动的理论。一个感受到欲望之火燃烧的年轻女人担心自己的珠宝盒，或者一个母亲担心自己的心肝宝贝，这就是属于力比多范畴的案例。人们并不是出于偶然才把碍事的婚纱脱下，丢到湖水里。即使没有说出来，理论依然会引导福尔摩斯的实践。

> 我发展了一种理论，即一个人在进化过程中代表着他
> 所有不同祖先的化身［……］。在某种程度上，一个人代

---

1 《波西米亚丑闻》。

表着他或她自己家庭历史的总结。[1]

一些被华生界定为异想天开的概念，却是福尔摩斯、弗洛伊德和精神分析家的共识。这里，福尔摩斯的理论和精神分析的临床相呼应。理论和医学视角区分开来，就像福尔摩斯和华生有所不同。

> 我亲爱的华生，作为医生，您知道我们总是能通过研究孩子父母，学到很多与孩子性格有关的事情。您没有看到吗？反过来也是成立的。我常常通过观察孩子们来获得关于父母最初的真实信息。[2]

相互的证明——一个孩子承担着父母的欲望——是儿童精神分析实践的基础之一。这和视角的转换同样重要。医生因为遗传理论获得启发，而侦探则通过自己的独家信息，即通过孩子的症状了解父母的状况。在《铜山毛榉案》中，福尔摩斯给出了类似的说明，小男孩对昆虫的残暴行为，让我们了解到父母对他异父或异母姐妹的残暴，他们像关一个邪恶的野兽一样将她关起来。

夏洛克·福尔摩斯并不以医学立场和知识来支持他的实践。侦探事务所不是医生的诊所。此外，华生也不可能在贝克街看病，他在另一个地址开了自己的诊所，接收病人。这个诊所也不是派出所或者审判办公室，就像精神分析家的办公室也不是医生或牧师的办公室。在某些特殊的地点，实践是非医学的（profane）。

---

1 《空屋历险记》。
2 《铜山毛榉案》。

第五章　俗世中的调查

　　"您有武器吗？"

　　"我有一只旧的军用左轮手枪，还有一些子弹。"华生回答道。[1]

　　福尔摩斯很少带武器。他会拳击，在办公室里对墙练习射击，但是通常都让华生医生拿手枪。医生本来就是军人。在法语里，"医生"的形象更显眼，因为他使用的是军用左轮手枪。[2] 但这肯定都与世俗的实践不相容。在枪口下进行分析，并不比在处方下进行分析更有意义。夏洛克·福尔摩斯知道，他把这些训令都留给了他的同伴。

　　世俗（laïque、profane）给非医学的精神分析家定了性。弗洛伊德总是支持一种 Laienanalyse，即世俗的分析，其中包含了反对自己弟子，特别是那些美国弟子的做法的意思。"因为教育者是通过自己身上的经验学习分析的［……］，显然就需要赋予他实践分

1　《血字研究》，第五章。

2　左轮手枪，法语原文为 revolver d'ordonnance，ordonnance 有处方、顺序、安排之意。译者注。

析的自由，人们没有权利假装因为平庸而阻止这种自由。"[1]这一争论在1925年引起了轩然大波，余烬还在燃烧。如今，问题并没有被彻底解决，更多的是在世界不同地方以不同方法被决定。最近，法国颁布了一项赋予精神分析独立性的法律，为了潜在的心理治疗，将医生、心理学家和精神分析家放在同一个层面。但是问题超出了政治的范畴。这涉及精神分析实践的实质，既不是手枪，也不是处方。这对侦探和分析家而言都一样。

世俗的人与神职人员相对。他来源于人民（laos），和教士（clerikos）相反，他没有收获任何命运或遗产，尤其不从上帝那里获得任何东西。教外人士（pro fanum）是驻扎在寺庙门前的人，他们不能进入寺庙。弗洛伊德使用这样一个打着深刻反宗教烙印的词来凸显非医学的精神分析家，这一点不会令人震惊。他很少去犹太教堂，也从未真正进入医学殿堂，因为他在医学界更多被视作一个"教外人士"而不是"神职人员"。

在1926年出版的《非医学的精神分析问题》中这一点得到重申，特别是为了回应一个学生被指控非法行医的事情。"如果幼儿性欲被当成一个新发现，就应该对此感到羞耻。有些儿科医生，还有保姆，一直都知道这件事。而这些自称儿童心理学家的学者以一种斥责的口吻谈论着'对儿童的亵渎'。"[2]精神分析之所以是教外之物，不是因为它泄露了圣所的秘密，曝光了神庙的圣人，而是因为它解开了神职人员的面纱，曝光了他们在圣器室或是堂区里秘密交谈的、世俗之人难以听见的内容。比如有一次沙科在其府邸的招待会上对

1　弗洛伊德：《奥古斯特·艾康〈无人看管的年轻人〉》（à Jeunesse à l'abandon de August Aichhorn）序言，《弗洛伊德全集／精神分析·17》，第163页。
2　弗洛伊德：《非医学的精神分析问题》（La Question de l'analyse profane），巴黎，伽利玛出版社，1985年，第70页。

布鲁瓦戴说：与性相关的事情永远是病因；[1] 又比如护士们通过抚摸让孩子们平静下来；再比如儿科医生所面对的幼儿性欲的事实。精神分析是世俗的，因为它把人们在分析中进行的秘密话语当作最重要的部分，这比伟大教士的话语或医学科学的奥秘更重要。

世俗的条件

"您两位属于全国最忙的那一些人，"他说，"而我自己也处在非常繁忙的小圈子里。非常遗憾我不能够在这个案子里为您们提供帮助，继续谈下去只会是浪费时间。"[2] 夏洛克·福尔摩斯刚刚谢绝总理和欧洲事务秘书长的请求。这是一次严重的事件，涉及消失的文件，但两位政客拒绝透露文件的内容。办事员们都十分重视国家机密。他们只愿意描绘信封的样子、大小、颜色、封蜡，就像教士们展现出圣像和雕塑。他们向侦探允诺丰厚财物的回报，给予他至高无上的承认，但面对福尔摩斯需要揭露信件内容的要求，办事员的第一反应就是发火。对办事员和部长们而言，这是皇家的秘密和谜团；对世俗之人来说，那只是微不足道的谜题和寻找不翼而飞的信件。"调查中的某些边角有点神秘的部分，我已经习惯了。但是处处都留有秘密，对我来说太难以应付。"[3]

不管承诺怎样的丰厚报酬，夏洛克·福尔摩斯都永远不会接受谜团，正是这样他才能保障自己的实践正常进行。不管后果会多么

---

1 同前，第三章。
2 《第二块血迹》。
3 《显贵的主顾》。

严重，不管会如何曝光世界级的大人物、高层的爱情故事，任何故弄玄虚都不被容忍，任何秘密都不能有所隐瞒。[1] 因为不能接受黄金大王尼尔·吉布森隐瞒他和邓巴小姐的关系，侦探在介入中明确了自己的观念：他服务的不是一个人，而是一个事业（cause）。而且这个事业是世俗的。它不屈从于咨询者的愿望，无论咨询对象多么有钱有势，也不屈从于人民无从知晓的秘密。当然，相对应的是保守秘密。福尔摩斯和华生没有以任何方式泄露过贝克街办公室中别人委托给他们的秘密。这是他们第一次会面时就定下的规矩，他们保证绝不泄漏。读者不知道《显贵的主顾》车上出现的是什么纹章，案件只有在没有风险的时候才会公开，而有的案子则永远都不会公开。

不过，分享、公开一个秘密，并不意味着扩大谜团。福尔摩斯们始终是世俗的人，因为夏洛克可能比他的兄弟迈克洛夫特这个人物更为世俗。的确，迈克洛夫特处在权力中心。据信，他被雇来审计各部门的账目，是这个国家最不可或缺的人。他在调查中利用自己弟弟的能力为英国服务。由于他的文化和分析能力，在国家事务中，只有迈克洛夫特能够看到全局，并立刻解释出一个因素如何对其他因素产生影响。[2] 然而，缺乏野心的他满足于第欧根尼俱乐部的简单生活，这个俱乐部是个沉默的地方。他为当局提供建议，但不担任任何官方职务；他做出解释但不做决定，正是这种距离使他的判断是公正的，并被所有的政客接受。他与公职人员往来，甚至指导他们，但始终与他们保持距离。他知道世界的谜团，但是不参

---

1 《雷神桥之谜》《显贵的主顾》《波希米亚丑闻》《第二块血迹》《布鲁斯-帕丁顿计划》。
2 《布鲁斯-帕丁顿计划》。

与对谜团的崇拜，这是保住其立场的条件。

同样，政客们在这一做法上，也克制了他们的脾气。当他们知道没有撤销职务的风险后，他们便同意向夏洛克·福尔摩斯和华生揭露消失文件的秘密。那是一封外国君王的信，这封信用恶劣的言辞反对英国的殖民野心。秘密不会被公开传播。福尔摩斯在一张纸上写了牵涉其中的国王的名字，部长们表示同意，读者却对此毫不知情。从那以后，侦探和客户可以就国际政治的高层话题进行交流。欧洲已经在备战，平衡可能遭到破坏。如果这位国王的敌人公开信件，英国就必须宣战。这就是躲在官方大门的后面，政客和职员们细细低语的东西。但是，作为高级政客的下属，他们不敢承认现实。作为一个非官方人士，有时夏洛克·福尔摩斯更具有洞察力。他打破了部长们对和平的崇拜幻象。既然这封信已经消失了太久，如果在它落入敌手之前找不到，就应该做好打仗的准备。他判断形势非常严峻。

> "您说的事情很严重，福尔摩斯先生。"［……］
> "您说得非常有道理，福尔摩斯先生。"［……］
> "我觉得您说得对，福尔摩斯先生。"[1]

他们相互倾听、相互理解并最终相互接受。三个时间点标定了侦探的介入。问题看似得到了解决，但是福尔摩斯同样预判到了未来的几次会面。福尔摩斯独自和华生在一起，没有那么肯定。也许可以出更高的价钱买回这封信，但那样就会惊动到大不列颠的各种势力。

---

1 《第二块血迹》。

最终，案件出现了另一个插曲。侦探知道可能犯下重罪的三个间谍中有一人刚刚被谋杀。但是因为几天之后欧洲什么都没发生，也就意味着书信并未曝光。于是福尔摩斯去搜寻这封信并找到了，把信放进保险箱里，让人相信它从来就没丢过，就像爱伦·坡作品中被偷走的信一样。那是一个女人的名誉。而国王书信案件成为《第二块血迹》中的冒险。福尔摩斯以自己的方式处理案件，华生以自己的风格叙述案件。

这几乎成了惯例。在此，我们回到了世俗位置的传统实际运用，因为，夏洛克·福尔摩斯没有被带入政治游戏，同样以这个立场之名，他要求案件对他不能有任何秘密。因为不知道信的内容，他就不可能猜到什么人会去偷这封信，也不会理解国际局势未有变动意味着信被藏在不为人知之处。

感谢牧师

"对我而言，因为没有宗教信仰，我为自己不会陷入您无法摆脱的令人不快的束缚中而感到幸福。"[1] 弗洛伊德以这种方式感谢普菲斯特牧师，他最早的非医学学生之一。牧师给他寄了一本书，书中他自己承认处理了一个非常无用的主题，是 1926 年非常受欢迎的印度圣人对意念悬浮的愚蠢信仰和迷信崇拜。一段时间之后，奥斯卡·普菲斯特欣喜地看到《非医学的精神分析问题》的出版；

1　弗洛伊德与奥斯卡·普菲斯特 1926 年 4 月 11 日的信。《西格蒙德·弗洛伊德与普菲斯特牧师的信》(*Correspondance de Sigmund Freud avec le pasteur Pfister*)，巴黎，伽利玛出版社，第 154 页。

对 1927 年的《一个幻觉的未来》，他则抱有批判的态度。而弗洛伊德之前已经告知过他会对宗教宣战。[1] 然而，牧师并没有为了精神分析而以任何方式放弃他的职务。另外，弗洛伊德既不是犹太教徒，也不是无神论者，他只信仰生命；不管精神分析的治疗是多么离经叛道，只要它是有益的，那么上帝就是高兴的。然而，这个问题与其说是信仰的问题，还不如说是被弗洛伊德认定为令人不快且无用的约束。正是在这里，两人分道扬镳。在普菲斯特的精神分析实践中，因为他不是世俗之人，所以有一点他无法跨越。在阅读的过程中，我们会发现转移永远不能够得到解决，除非皈依宗教，这是不加解决的另一种形式。在他的治疗中，普菲斯特给自己制定了一个理想的位置。他把自己当作榜样，赢得病人的友情，希望病人好，即使为难自己也始终准备好帮助病人，"作为教育者和灵魂牧师，我在道德上有义务这么做"[2]。

给自己指定一个位子，就不能不受到一些约束；受到束缚，这就从根本上区分了世俗实践和教权实践。这就是弗洛伊德和宗教牧师的立场、夏洛克·福尔摩斯和王公大臣的立场之间的区别。要知道，关键不是信仰——俗人不一定就是无神论者——而是信仰带来的支配关系。牧师和王公大臣是他们的事业的仆从。他们服务的方式就好像这个事业占据了全能的位置。与之相对的，这个位置暂时赋予这些狂热信徒这个全能权力的一部分。

西格蒙德·弗洛伊德和柯南·道尔在关于宗教的观念中相契合。前者转向神经症和幼儿性欲的问题，后者则以教士的堕落为名摈弃

1　弗洛伊德与奥斯卡·普菲斯特 1927 年 10 月 22 日的信。弗洛伊德：《书信集》，第 166 页。
2　同前，1927 年 10 月 21 日的信，第 165 页。

宗教。他们同样不得不创立专属自己的神话，这种神话为了人的利益而放弃了上帝。力比多和死亡冲动、漂泊灵魂和幻想是最显著的形象。但是，这种神话不会建立于某种宗教的辞说，而是始终处在提问之中。这完全是安排假设和揭露真相之间的区别。精神分析是弗洛伊德的，但同样也是克莱因的、比昂的、拉康的、温尼科特的……实践意味着理论可以因为临床而得到修改。做分析不是做弥撒。分析家和侦探不需要任何一种崇拜。夏洛克·福尔摩斯不维护任何权威性的动机，除了所有公民都要做到的遵循法律这一动机。[1] 其实，福尔摩斯的探案让我们看到的正是对法律的遵循，有时候甚至会以牺牲英国警察和司法为代价。

不存在什么宏大的事业，也不存在卑微渺小的事业。世俗实践以同样的方式在请求可以被接受的时候处理它。已经不抱幻想的弗洛伊德承认"不是所有我们治疗的神经症患者，都值得我们在分析中花费如此的精力，但是至少他们当中有人仍然具有极大的价值"[2]。福尔摩斯有时候看客户的眼神不太客气。他看不上尼尔·吉布森，他想让这个有钱人知道，并不是所有人都能被他用金钱收买，并原谅他的过错。[3] 尽管如此，他仍然接下这个案子，这让他救下了格蕾丝·邓巴小姐，这个他认为非常了不起的女人。但他也不会因为厌恶胡德尼斯公爵，而拒绝调查他儿子从"修道院公学"消失的案件。

福尔摩斯调查的不仅仅是轰动一时、占据报纸头版头条的谋杀案，也不仅是阅读《晨报》或《每日电讯报》的市井读者都一无所

1　《肖斯科姆别墅》。

2　弗洛伊德：《非医学的精神分析问题》，第 92 页。

3　《雷神桥之谜》。

知的政府密案。他调查这些绑架、勒索、文件或珠宝盗窃，甚至是考试舞弊的案件。他可以帮忙抓住入室盗窃犯和伪币制造者。他也会同样用心地找寻一位淑女、一位年轻的新娘、一匹马或一名消失的军人。他也以同样的专注去发现热衷于打碎石膏像的人、跟踪骑自行车少女的人，或是为什么有人要一个年轻女孩剪掉自己漂亮的金色长发。无论案件的大小和客户的差别，世俗实践都一视同仁。

世俗的调查

像处理大案一样处理小案件，这也就意味着像对待大人物一样对待小人物。福尔摩斯既不是内阁大臣，也不是神职人员，他保留着一贯的态度，无论来访的是一位上了年纪的太太，[1] 还是一件关乎世界之安危的大案子。他似乎总是把事情搞大，更准确地说是透过放大镜的镜片观察。那是他的工具。

这一细致的观察让他识破了《第二块血迹》的源头。那就是在自己家里被暗杀的秘密官员尸体下面的血印子。这地板上的血印子和地毯上的刚好对称，这也就意味着尸体被移动过。到这时，雷斯垂德明白了："福尔摩斯先生，警方不需要您告诉他们地毯曾被翻过来。"但是苏格兰场的探员只是普通公务员。他不知道政府的大秘密，他到这里来只是为了谋杀的案子。福尔摩斯却知道政府的秘密。福尔摩斯明白了，在这个要被解决的谜团中只有他独自一人，和华生一起去面对所有的元素。

在第一次和部长们会面之后，又进行了第二次。欧洲事务秘书

1　《三角墙山庄》。

长的妻子希尔达·特里劳尼·霍普女士来到贝克街。贝克街的办公室并不正式，但福尔摩斯的世俗性让他可以以这样的方式会见客户。这位伦敦最漂亮的女人担忧不已。她的丈夫不会与她谈论政事，但是她知道一份重要文件消失了。她向福尔摩斯和华生询问此事，而他们只能请她转身去询问自己的丈夫。有一句未说之话在这对夫妻之间流转。来访的金发女人显得焦虑，因情绪激动而面色苍白，目光灼热，嘴唇僵硬。华生注意到这一点，虽然他并未将其断定为不正常，但也觉得这样的情绪自然会引起福尔摩斯的注意。在信件消失的这个污点背后，一定还有别的污点。特里劳尼·霍普女士的来访让侦探明白这背后还有别的事情。果不其然。福尔摩斯猜到在沾上血迹的地板下面有一个藏物处。他准确的观察天赋，以及他在故事中能够听见的东西，让他得出了这一发现。如果说藏物处是空的，那么他就明白了文件在霍普女士那里。她把信件换成了一封情书，她人生唯一的污点，等勒索者的时候她去取了回来。她把文件交给了福尔摩斯，福尔摩斯又将文件放在欧洲事务秘书处的保险箱里，假装文件从来没有丢过。

　　侦探不是神职人员。他没有试图动员英国的所有隐秘力量来维护世界和平。以他的谦逊世俗立场，他可以询问事件琐碎的原因，而不是那些重大原因。从这里出发，他维护了欧洲的和平，也同样维护了夫妻间的和平。他的实践没有在维护谜团，但是遵循了保密原则，因为如果不保密，谁还会信任这位侦探呢？他对总理说道：“我们也有我们的外交秘密。”然后，拿起了他的帽子，走向了大门。

　　“您可能无法想象所有这些哲学危机对我来说有多陌生。我对没有参与这些令人遗憾的浪费人类思维能力的想法感到非常满意。"[1] 弗洛伊德对一个学生——马克斯·艾丁格这样说。后者更多是反对精神分析非医学实践，刚刚给弗洛伊德寄来了他一个哲学家朋友的作品，而弗洛伊德谨慎地对所有经过精心制作的世界观持保留态度。在这一视角下，宗教和哲学相互应和。弗洛伊德关于普菲斯特牧师的意见，就像对艾丁格一样，相互印证。艾丁格后来成为国际精神分析协会机构的高级职员。对另一个哲学家通信人，弗洛伊德宣称形而上学是有害的；[2] 在《一个幻觉的未来》中，宗教观点是教条，幻觉带来了错误的回答。"当涉及宗教时，人们会犯下所有可能的不诚实和精神上的不当之罪。而哲学家们把单词的意义延伸到原意几乎毫无保留的地方，他们所称的上帝是他们为自己创造的模糊抽象的概念。"[3] 弗洛伊德在这里将宗教、哲学与空谈、说教混淆了。而招摇撞骗的其实是后者。

宗派恐怖

福尔摩斯反对所有打着信仰名号的教条，简单来说就是任何投机分子，违背人性价值和尊重的意义，嘲弄法律。当他本人不在战斗之中，他也会支持斗争之中的人们，如果他们成为杀人犯，他会去理解他们的罪行。

---

1 弗洛伊德与马克斯·艾丁格 1928 年 4 月 22 日的信。《书信集 1906—1939》（*Correspondance 1906—1939*），巴黎，阿歇特出版社，2009 年，第 569 页。

2 参考与韦尔纳·阿基里斯（W. Achelis）1927 年 1 月 30 日的信。弗洛伊德：《书信集》，第 407 页。

3 弗洛伊德：《一个幻觉的未来》（*L'Avenir d'une illusion*），《弗洛伊德全集 / 精神分析·18》，第 173 页。

《福尔摩斯探案全集》就是以这样的对抗开篇。《血字研究》中，我们记得这些有光明未来的人物，我们记得使福尔摩斯和华生走到一起的调查。我们和这对好奇的搭档一起，探索伦敦的道路，欣赏侦探无人可及的逻辑。这都出现在文本的第一部分，这部分的形式在之后全部的案件中都是唯一形式。从这以后，只有调查。但是，《血字研究》并没有停在这里，它更多算是一部长篇小说，而不是一个短篇。通常情况下，我们会忘记它的第二部分《摩门教之地》（圣徒的故乡），虽然两部分的字数一样多。除了1914年出版的主题类似的《恐怖谷》，作为独立故事来写作的第二部分再也没有在其他作品中出现过。《四签名》中的确有第二个案子出现，杀人犯进行了长篇辩白，从而解释自己的行为，但是这篇告白包含在剧情概要当中，而像《巴斯克维尔之犬》这样比其他案件都长的作品，叙事也从来没有脱离调查。

　　《摩门教之地》采用那个年代戏剧性很强的报纸连载小说的方式。约翰·费瑞厄在美国西部征战的路上迷路了。他的身边有一个小女孩露茜，他们是一群走失的移民里最后的幸存者。他们被发现并被摩门教徒们救起来的时候正在大盐湖里等待死亡。摩门教徒们当时正在去他们的应允之地的路上。作为盐湖城唯一的世俗之人，约翰通过工作成为富有的地产所有人，露茜成为一个人人想娶的漂亮女孩。

　　最有影响力的摩门教士的两个儿子想引起她的注意，但是她喜欢的是侯波，一个岩石山中的猎人，他同样也不信教。事情由此恶化。恐惧笼罩着摩门教之国。"塞尔维亚的宗教法庭、德国的圣维姆、意大利的秘密社团，都无法动摇在犹他州遮天蔽日的恐怖机器。"[1]

1　《血字研究》，第五章。

约翰、露茜和侯波试图逃跑，但是被摩门教的复仇天使抓住，他们的命运就此决定。约翰被杀害，露茜被迫嫁给一个追求者，追求者后来抛弃她又娶了别人，被抛弃的露茜很快去世。侯波作为唯一死里逃生的人，在从他死去的爱人手上取下婚戒后，深思熟虑地策划了一个复仇计划。戒指落在劳列斯登花园街的家里。二十年后，侯波报了仇，他杀掉了折磨他未婚妻的两个摩门教徒。

要知道，这部分文本的叙事者不是华生，而是柯南·道尔本人。他的写作没有任何妥协。以信仰的名义，摩门教徒们犯下了所有能犯下的不正直、不合礼仪的罪行，不仅仅是精神上的罪行。"其难以把握又神秘的性格让这个组织变得更可怕。"[1]教士们让惊恐成为统治。

我们在这里看到了类似《恐怖谷》中的情况。在那个故事中，不再是宗教人士，而是误入歧途的工会人员，在维尔米萨的工业区强制执行他们的律法。"自由人"协会，共济会的一种，在这里成为黑手党。新来的约翰·麦克默多加入了他们的组织。他被打上红铁烙印，作为从属的标志。他喜欢伊蒂这朵开放在渣堆上的新鲜紫罗兰，但被年轻女孩的爸爸拒绝。女孩爸爸是反对犯罪帮派的最后几个人之一。但是麦克默多是私家侦探，是负责终止协会勾当的美国秘密警察的一员。他融入这个团体，给他们设下陷阱，致使他们全数被捕、判决、服刑。然而，十年之后，有些人从监狱被释放，试图报仇。他们和莫里亚蒂这个在莱辛巴赫瀑布坠落案中杀死了福尔摩斯的魔鬼结盟（柯南·道尔后来不得不让福尔摩斯复活）。麦克默多为了自保杀死了以前黑手党的成员之一。

---

1 同前。

同样在这一文本中，第一部分《伯尔斯通的悲剧》可以自圆其说。这是惯常的福尔摩斯式调查，有迟钝的警察、什么都不明白的华生、具有欺骗性的证据和猜到真相的侦探。第二部分，具有戏剧性的部分，用鲜活的词语描写统治了恐怖谷的压迫，以及几个纯粹而正义的人，这些人是柯南·道尔小说里真正的英雄。这样，在《福尔摩斯探案全集》仅有的两个小说片段中，没有被说出来的部分被华生和福尔摩斯写了出来，作者与自己的读者们分享对信仰被误导的憎恨：《血字研究》中对上帝的信仰，《恐怖谷》中对人的信仰。作者向我们展现了堕落的教士们如何颠倒了人类最崇高的愿景。这的确是一种贯穿柯南·道尔人生的概念，虽然我们不应该因为这一点就进入反对教权的夸张当中。然而，夏洛克·福尔摩斯的世俗之锚也同样坚固。

　　侦探面对犯罪团伙的案件并不缺少。在筹划后或偶然中，恶人们相遇了，但谁也不能在不被报复的情况下抽身。逃跑之后就是复仇。无论有没有背叛他们的教友，他们都不能不受处罚地脱离这样那样的黑帮，无论是三K党、芝加哥帮派、俄罗斯虚无主义帮派，或者是年轻的帮凶、冷酷无情的坏人，或者是成功持械抢劫的团伙。[1]为了维护所谓的有正当理由的凶手，或者因背叛而被杀害的受害者，发现了悲剧真相的夏洛克·福尔摩斯游离于英国法律之外。《住院的病人》的主人公是沃辛顿银行抢劫案的无赖中最坏的那个，案子中一个警卫被杀害，他把自己的同伙出卖给警察。十五年之后，被出卖的同伙从监狱中释放，重新找到了他，将他绞死。"司法的双刃剑永远可以为复仇利用。"福尔摩斯评论道，不再试着寻找凶

1　《红圈会》《五粒橘核》《跳舞的人》《金边夹鼻眼镜》《"格洛里亚·斯科特号"三桅帆船》《博斯科姆比溪谷秘案》《住院的病人》。

手。世俗的侦探对此没有责任。

这也不算虚假承诺，背叛话语，甚至食言。詹姆斯·温迪班克，玛丽·苏瑟兰的母亲的第二任丈夫，为了讨好《身份案》中的年轻女孩转变成了温柔的霍斯默·安吉尔。在这一外表下，他和玛丽订婚并让她把手放在《圣经》上，承诺无论发生什么她都会对他忠诚。这样他就可以在不可能的婚礼前悄悄溜走。问题是玛丽继续等待他践行诺言，守身如玉，让她的继父和母亲利用她每年收入一百镑年金。在《圣经》上起誓的倒错，是显在的辞说；它叠加了爱情关系的倒错，无意识的辞说。母亲的爱人詹姆斯·温迪班克让继女对自己倾心。他散发魅力，乔装打扮为了吸引她，让玛丽在不知情的情况下感受到母亲的爱之对象的魔力。玛丽的欲望受到压抑。他转变自己的外貌为了违抗禁忌。其实乔装打扮的是玛丽本人的欲望。

面对这样的案子，福尔摩斯没有抱有幻想。他找来了温迪班克，让他到自己贝克街办公室。在关上门后，他向后者讲述了自己的推理。男人扭转了局势，在这个似是而非的辩证法中，临床工作者一定会认出倒错的标志。"到目前为止，我没有做过任何应该受到谴责的事情，但是如果您一直关着这扇门，您就会面临人身侵犯和非法拘禁的起诉。"他冷笑着说。福尔摩斯，几乎丧失冷静地抓起一根马鞭，但是那个人跑掉了。"冷血的恶棍！［……］他会一桩接着一桩犯下去的。"

绕开法律

无论是世俗之人还是神职人员，面对这样的境况，几乎没有任何希望。案件已经解决了，但是逃避了司法机关，也避开了侦探。

剩下的都被恶棍拿捏了。可能夏洛克·福尔摩斯的介入足以改变局面，让温迪班克有所顾忌，可以让他的继女忘记骗人的承诺。跟随弗洛伊德的脚步，玛丽小姐可能会找到俄狄浦斯情结的解决方式。但侦探不会为了乐观的结局冒险。引诱太明显了，太真实了，所以他要有所提防，小心谨慎地向咨询者抛出自己的解释。"如果我把事情告诉她，她也不会相信的。您可能还记得这个古老的波斯谚语：'打消女人心中的痴想，险似从虎爪下抢夺乳虎。'"

侦探的位置被剥夺了，幕后策划者不会容忍、也不会想象一个世俗的位置。冷血的无赖可不好骗。[1] 他了解法律，对他来说，没有任何东西在法律之外。他以法律这把尺衡量每个人，是为了更好地欺骗或操纵这些人。警方的路数，他了如指掌；侦探的智慧，他也知道如何绕开。

职业生涯中福尔摩斯有时候要面对这样的人物。这些人具有魅惑性，他们对受害人的控制很有力度，几乎具有催眠的效应。只有杀了他们才能阻止一切。当他们催生的爱情转变成仇恨，被背叛的女人就会杀掉他们。《希腊译员》的案子正是这样结束的。这可能也是在《绿玉王冠案》画上句号时侦探对霍尔德小姐这另一位玛丽所抱有的期待。世俗的侦探不会强迫无效率的司法执行。

　　"走吧！"他说。
　　"怎么了先生？噢！愿上帝祝福您！"
　　"别再说了！你走吧！"

1　参见雅克·拉康：《不愿上当者犯错》（*Les Non-dupes errent*），《研讨班1973—1974》（*séminaire 1973—1974*）。

夏洛克·福尔摩斯已经取回了珍宝，他刚刚戳穿了《蓝宝石案》的盗贼。盗贼没有再要求其他。听见侦探的警告之后，他逃走了。"我调查此事，并不是为了弥补警方的不足。"贝克街主人这样解释。

在最常见的情况下，读者、咨询者、主角们在侦探那里看到了一个教外之人。他是世俗之人，保持世俗之身。夏洛克·福尔摩斯这样对华生解释他和警察的不同："我知道的事情是非正式的，他知道的是官方的。我有权表达我自己的想法，但他不行。"[1]世俗性质与个人介入是相辅相成的。这带来了一些后果，特别是调查结束时。福尔摩斯不会弥补警方的缺失，但也不能取代司法。我们看到《蓝宝石案》中他正是如此，没有让人起诉大都市酒店的领班。这位不正直的雇员偷走了女客人珠宝盒里一块珍贵的宝石，但投机主义的小偷，在监狱里一定会堕落成一个流氓。

即使当案件更为严重，涉及死者，夏洛克·福尔摩斯也不会强迫自己宣称某人有罪或某人必须承担责任。"没有任何人违背死者的意愿公开这一丑闻。"《驼背人》案后他斩钉截铁地说，这一案中巴克莱上校的死被算在驼背人头上，而后者向侦探讲述了军官让他受苦的可怖一生。

侦探本人也不会扮演司法的角色。"给你们定罪不是我的任务。"他对《博斯科姆比溪谷秘案》的凶手这样说。他理解这些行为背后的原因，理解他面对的招供。他的任务在于揭露事实，仅此而已，侦探在《肖斯科姆别墅》结尾这样总结道。

复仇的凶手、偷盗纯种马的饲养员、乘虚而入的入室盗窃犯、不诚实的学生可能这样从警方或司法之网的缝隙中溜走。甚至当警方和司法介入时，福尔摩斯就不再是案件的有关人员了。他不是教

1　《格兰奇庄园》。

士，不是办事员。从第一个案件起，柯南·道尔就明确了他笔下人物的世俗立场。他将决定的权力留给了更高的法官。《血字研究》的凶手在审判的前一天死了。华生注意到他的主动脉瘤在出庭前一天破裂。死者有一副安静而微笑的面孔。他的任务完成了，复仇者安然离去。这样，福尔摩斯的世俗活动让他避免了不少进退两难的窘境。要不要给一个伸张正义的人判刑？要不要给一个摆脱可怕勒索者的英国家庭判刑？要不要给一个为了免受伤害、朝着卑鄙男人泼硫酸的堕落少女判刑？[1] 这些值得思考、撰写论文的主题，也是难以给出定论的主题。一个陪审团给出的结论，另一个陪审团也可以推翻。

司法的选择

仅有一次，福尔摩斯离开了自己的位子，和华生一同扮演了法官的角色。

> 他去了苏格兰场，但他没有进去，而是留在自己的出租马车上。他眉头紧锁，专注于沉思。最终［……］我们再次向贝克街驶去。
>
> "不，我不能这样，华生，［……］。在我职业生涯中，有那么一两次，我感觉到当我找出罪犯时，我给人们带来的痛苦比罪犯带来的痛苦更强烈。［……］我多希望

1　《血字研究》《驼背人》《住院的病人》《查尔斯·奥古斯都·米尔沃顿》《显贵的主顾》。

扮演一次英国司法部门的角色，而不是我自己。"

　　有那么两三次，看上去微不足道。《格兰奇庄园》一案并不是在侦探事业最初发生的。已经发生过多次侦探超越警方权力保护罪犯的情况。另一方面，在华生记录的案件中，他可能还没有扮演过这样的司法角色。冷餐台上三杯见底的波尔图酒，足以让夏洛克·福尔摩斯明白《格兰奇庄园》的罪行是被策划的。并不是突然到来的入室强盗杀了尤斯塔斯·布莱肯斯特尔爵士，这个酒精成瘾的醉鬼，又打昏了他迷人的妻子并把她绑起来。侦探坐上了一辆出租马车，去往苏格兰场，为了告诉他们真正罪犯的名字：一个爱上了玛丽·布莱肯斯特尔的海军上尉，他试图保护年轻女孩免受丈夫的暴力；他与女孩的丈夫争斗，势均力敌，用火钩子一击致命，就像骑士用自己的佩剑击败对手。

　　在警署大楼前，福尔摩斯停下了脚步。我们还从来没有见过他如此深深陷入自己的沉思之中。通常，他深锁的双眉和满不在乎的态度表明他在倾听，表明他在运用逻辑思维，在寻找事实的正确排列方式，从而揭开谜团背后的真相。当他猜出一切，就像此刻一样，他往往不假思索就能做出决定。他任凭警方做决定，也让警方对案件负责。这里，我们看到福尔摩斯犹豫了，这意味着案件触及了他的个人领域。福尔摩斯决定不告发克罗科尔上尉，而是把他请去了贝克街。在向上尉说明他知道全部真相并论证了他的发现后，福尔摩斯并不满足于让为爱人荣誉而战斗的陷入爱情的上尉离开。他离开了自己世俗的位置，披上公职人员的外衣，以最有成效的方式做出判断。只知道案件的真相已经不够。

　　"华生，您是英国陪审团。［……］我是法官。现在，

陪审团成员们，您们听见了证词。您们觉得这位嫌疑人是
否有罪？"

"无罪，法官大人［……］"

"人民之声就是上帝之声。您被宣告无罪，克罗科尔
上尉。"[1]

"司法的二选一：承担或不承担责任。这些判决不适用于神经
症患者。"[2] 弗洛伊德相对于分析对象的立场很清晰，他和福尔摩
斯通常所处的立场不谋而合。不过，《格兰奇庄园》一案是个特例，
受害者尤斯塔斯·布莱肯斯特尔爵士是个酒鬼，也就是说在小说家
的笔下，醉鬼顽固不化、冷酷无情。玛丽小姐在澳大利亚南方的自
由氛围里长大，十八个月之前遇到了一个甜蜜柔情的男人。她成为
布莱肯斯特尔太太之后才发现了真正的恶魔，撒旦本人。"与这个
人相处一个小时已经是一件令人不快的事情了。您能想象对一个敏
感的、充满活力的女人来说，被日日夜夜拴在他身边是怎样的感觉
吗？尊重这样一桩婚姻的纽带是一种亵渎，一桩罪行，一种耻辱。
我预言说您口中那可怕的律法将会为这个国家带来噩运——上天不
会让这样的不公继续。"

玛丽·布莱肯斯特尔的辩护充满杀伤力。《福尔摩斯探案全集》
中的女人们让我们不太习惯她这样的表达。我们明白，通过她的嘴
表达出的是柯南·道尔想要表达的信念。在小说发表的 1904 年，
他为了"离婚法改革联盟"（Divorce law reform union）抗争，并
成为联盟主席。这个联盟旨在让离婚更为便捷，保证离婚程序中的

1　《格兰奇庄园》。
2　弗洛伊德：《非医学的精神分析问题》，第 91 页。

男女公平——这里，柯南·道尔超越了自己对争取妇女参政论调的敌对立场。无论丈夫还是妻子，如果他们患有不可治愈的癫狂，包括酗酒，都应该允许他们的配偶终止婚姻。医生小说家草拟了"联盟"声明，并于 1909 年以小册子的形式发表。"既然医生们明确［……］饮酒的习惯不能医治，那么健康而无辜的伴侣应该可以提出离婚。以宗教的名义要求身体和心理健康的女性和酗酒者保持婚姻关系，要他们的孩子在敌对和压抑的环境中长大，这是对宗教与婚姻的嘲弄。"[1]

作为身体与心理健康的女性，"布莱肯斯特尔太太不是一般人。我很少见到这么光彩照人的女人，充满女性魅力，有一张明艳的脸"，华生激动地说。完美的形象是为了展现柯南·道尔之斗争的合理性，年轻女性，金色头发，让夏洛克·福尔摩斯改变了自己的保守。调查中他不再置身事外，而是投入其中，进行判断；他的世俗性被淹没了。在《格兰奇庄园》当中，福尔摩斯遇到了作者的欲望。这是将他拦在苏格兰场之外的原因。因为我们猜到，在柯南·道尔的介入之后是他童年的谜团；我们猜到，在他的斗争之中包含了他母亲的痛苦，她不也正是这样一位玛丽吗？

当调查的谜团遇上了作者的谜团，或者当作者在自己的叙事中希望融入自己的信仰，置身事外的态度将不复存在。华生是陪审团，福尔摩斯是法官；我们触及了世俗实践的边界，而这正是弗洛伊德不希望精神分析家们跨过的边界。

1　柯南·道尔：《离婚法改革》（*Réforme de la loi du divorce*），1909 年的宣传册，引自皮埃尔·诺顿：《柯南·道尔爵士，其人其书》，第 79—80 页。

俗世牧师

"我不知道您是否把握了非医学的分析（analyse）和幻觉（illusion）之间的神秘联系。一方面，我想要保护分析反对医学，另一方面，我想要反对教士。我希望赋予它一种身份地位，一种尚未存在的俗间灵魂牧师的地位，不需要成为医生，也没有权力成为教士。"[1]

关于 Seelsorger，即世俗灵魂的牧师，弗洛伊德在书信中提到的《非医学的精神分析问题》一书里给出了明确的说法。不是成为牧师，因为牧师有混淆自己神职立场和精神分析家立场的风险——精神分析的历史已经证明了这是无效的；不需要成为医生，因为医学知识和医学态度可能成为治疗的障碍——这种障碍是精神分析在其历史中难以接受的。但是一个牧师的身份地位，至少也是一种身份地位。"接受过个人分析的人，获得了精神分析的微妙技术、解释的艺术，知道如何对付抵抗、运用转移的人，这样的人在精神分析的领域中就不是外行。"[2]

《非医学的精神分析问题》中有少数几段着重标记的段落，其中之一是弗洛伊德对福尔摩斯立场的支持。这是一个需要培训特殊技术的职业。有必要把这个职业从其他的职业训练中分离出来。它面对的是灵魂与身体。因此，宗教医生和医学医生都准备好参与其中，就像人们发现警察和政客在某些时候觊觎夏洛克·福尔摩斯的实践。将精神分析从宗教和医学中解放出来，这不仅仅是希望创造

1　弗洛伊德与奥斯卡·普菲斯特 1928 年 11 月 25 日的信。弗洛伊德：《书信集》，第 183 页。
2　弗洛伊德：《非医学的精神分析问题》，第 103 页。

一种全新的职业，也是指出人类谜团的另一路径。这个路径准确地通往对谜语本质的承认：没有预先准备的答案，没有宗教或者科学的答案。谜语本身就在发问。

精神分析家们是无意识的侦探，他们以福尔摩斯的方式，准备好倾听话语。夏洛克·福尔摩斯试图理解，发现罪犯或者发现责任所在都是次要的；与之相同的是，治愈病人也可能不是精神分析家唯一的期待。做一个俗世灵魂的牧师，而不是一个心理治疗师，拷问灵魂，拷问心理。

掠夺许可证

"我们完全不希望精神分析被医学吸收，在精神病学的治疗、心理治疗章节中找到自己的终极位置。"[1]1920 至 1930 年间，西格蒙德·弗洛伊德被精神分析家们孤立了，而后者还依靠着弗洛伊德所创造的东西。他们中以美国精神分析家为首的大部分人，要求精神分析沉降至精神病学，希望精神分析家们成为医生。弗洛伊德则希望创造一个为非医学而保留的协会。

在这场斗争中，精神分析家和精神病专家桑多尔·费伦齐是弗洛伊德最忠诚的伙伴，尽管他有时反对弗洛伊德本人建立的精神分析教权机构。在 1926—1927 年的一次"美元的野蛮世界"[2]之旅中，费伦齐强烈支持了独立于医学的"世俗"精神分析事业，阻止了美

1　同前，第 136 页。

2　弗洛伊德与桑多尔·费伦齐 1926 年 9 月 19 日的信。《西格蒙德·弗洛伊德 – 桑多尔·费伦齐书信集》（*Sigmund Freud - Sándor Ferenczi, Correspondance*），卷三，巴黎，Calmann-Lévy 出版社，2000 年，第 307 页。

国精神分析协会对其审查的投票，并在纽约为非医学的分析家们组织研讨会。"精神分析的内在发展处处与我的意愿背道而驰，离开了世俗精神分析，走向了一种纯粹的医学，我认为这使精神分析的未来充满凶险。的确，我能相信的只有您，因为您毫无保留地与我分享了您的观点。"[1]1928 年弗洛伊德给费伦齐的信中这样写道。群体之间的四分五裂可能带来危险，但是创立人坚持了下来，并向他的弟子们描述，"如果精神分析无法在医学之外自我划定一块土地，那么它的未来将会是一片漆黑"[2]。精神分析家不是医学的助手，就像福尔摩斯参与案件不是为了弥补警察的缺失。有些人支持弗洛伊德，比如费伦齐所在的匈牙利学派，以及玛丽·波拿巴公主支持的年轻法国学派。"抵抗分析的最后一层面具，即医学职业的面具，对精神分析的未来而言是最危险的。"[3]精神分析的创始人这样预言。

　　弗洛伊德有两方面理由。他参考了个体因素和天文学观察中反映个体差异的人差方程。[4]精神分析家应该对自己的无意识欲望足够清晰，这样才能听见他人的欲望。对他而言，必要的是不要只是关注与精通自己的神经症，从而能够从一个世俗的立场出发倾听分析来访者的神经症。这是弗洛伊德对每个分析家个人分析的期待，显然也是桑多尔·费伦齐宣扬的要求。在分析家的分析和世俗立场之间有一种直接关系，任何教条都不能自己占据主体认识和自身体验的位置。在自己身上实验新的生物碱，是福尔摩斯在实验室里的所作所为，就是把科学家能传递的确定性纳入视野，并将其转变为

1　同前，第 378 页。

2　同前，第 380 页。

3　弗洛伊德与桑多尔·费伦齐 1929 年 4 月 27 日的信。《书信集》，卷三，第 411 页。

4　人差方程（personal equation）又称个人方程式，早期反应时间研究中反映两个天文观察者个体差异的等式，是发现人与人反应时间差别的开端。译者注。

自己的东西。

不过，可能也没有必要走到福尔摩斯般的禁欲程度，他抛开了一切情感，保持单身。"爱情是感情之事，所有感情上的事都会破坏我不可或缺的冷静，冷静对我来说高于一切。我永远不会结婚，因为我担心自己的判断有所偏差。"[1]不要忘了，他是在华生说自己遇见真爱、准备迎娶《四签名》主人公时吐露了自己不结婚的心声。因此，个人欲望还是占领了一席之地，只是这一部分由华生代为完成。体验这一欲望的张力极为重要。作为一名医生来说同样如此，弗洛伊德也强调过他的医学培训不能保证精神分析属于医学。

另外，弗洛伊德还进一步强调，医学研究不仅仅是不适用，甚至与精神分析家的培训要求完全相悖。医学研究给出了错误而有害的观念。在强调解剖学、物理和化学的同时，这些学科都站在了思想运作研究的对立面；而精神病学在寻找的是灵魂困扰的生理条件。我们看到，情况与看上去的恰恰相反，1926年起，这个领域什么都没有改变。

另外，医生可以把他们的文凭当作"Kaperbrief"，也就是国家颁发给武装私人船舶的许可证，有了它，就可以保证按自己的方式运作，掠夺敌方商船，而不会被认定为海盗或者抢劫。这样，"医生中出了最多的精神分析的江湖郎中"，可能他们是有行医执照的医生，但是他们受到的培训让他们淹没在"外行人对心理学研究缺乏尊重的态度"[2]之中。而《福尔摩斯探案集》多次展现出对阿瑟尼·琼斯、麦克·肯农、格雷格森、雷斯垂德、弗雷斯特或马克·唐

1　《四签名》，第七章。
2　弗洛伊德：《非医学的精神分析问题》，第106及109页。

纳尔[1]的嘲弄，这是些嘲笑福尔摩斯探案技法的官方警员。

《皮肤变白的军人》

1926 年，《非医学的精神分析问题》第一版发表的那一年，《自由》（*Liberty Magazinel*）在十月刊中发表了柯南·道尔《皮肤变白的军人》的案子。在法语中和在英语中一样，形容词"变白的"（法语：blanchi；英语：blanched 和 no white）有道德和颜色的双关意义。柯南·道尔明确道，这是他本人撰写的第五个案件。这不妨碍福尔摩斯在小说的最初几行就引述华生的话，并为这位搭档感到开心。对华生来说，每个调查事件都是意料之外。我们的确处在具有意外的分析实践之中。实践者的两面都在此体现，华生是在缺席中在场。

第一次会面确立分析的开始。年轻的英国胖子（dodu）詹姆斯·多德（ James Dodd ）——这个文字游戏只有在法语里才行得通——寻思着如何开始会谈。福尔摩斯拒绝帮助他，保持沉默，但一段时间之后，还是开始了推理。他对这个男孩说，他是思罗格莫顿街上的证券经纪人，来自南非，以前是布尔战争中的志愿军——那是在 1903 年 1 月，而他现在是米德尔塞克斯部队帝国骑兵团的一员。

"福尔摩斯先生您真有本事。"［……］

"塔克斯伯里老庄园发生了什么？"

1　《四签名》《退休的颜料商》《血字研究》《诺伍德的建筑师》《博斯科姆比溪谷秘案》《赖盖特乡绅》《恐怖谷》。

"福尔摩斯先生！"

"亲爱的先生，在我这里没有秘密。"

因此，这里并不神秘，因为侦探不是女巫，但有的是谜题。于是詹姆斯·多德开始说起一连串人物，一位陪伴着他来到门口的埃姆斯沃思上校，一个名为戈弗雷的人，一个关于纪律的故事，直到福尔摩斯要求更多的解释。这是第一次会面，他希望理解客户的请求。"我想您在没有获得信息的情况下也能知道一切"，面对似乎应该什么都知道的主体，分析对象回应道。转移已经建立了。

接着，詹姆斯·多德讲述了 1901 年入伍以后如何在骑兵队里认识了上校的儿子——戈弗雷·埃姆斯沃思，以及他们之间的战友情是多么强烈。他曾是他的朋友，他的好兄弟（mate）——这个词也会用来指男朋友。这是一个爱情故事。这故事在戈弗雷被子弹打伤后戛然而止。那时候詹姆斯收到了两封信，一封来自开普敦医院，一封来自南安普顿医院，之后就杳无音信。在战争末期他回来之后，他向埃姆斯沃思上校询问戈弗雷的情况。上校回答说他的儿子去环游世界了。这不足以安抚多德的心灵。他自己去了塔克斯伯里老庄园，朋友家的房子。上校极不情愿地接待了他，就像多疑的父亲面对不可接受的求婚者。他在这间充满谜团的房子里没有得到什么额外的信息，直到他透过一扇窗户看到像鬼魂一样苍白的人影，正是戈弗雷，他消失在夜色中。为了找到自己的目标，詹姆斯·多德试着研究这栋房子，但是被戈弗雷父亲赶了出去。他来向侦探咨询的时候就身处在这一状况。

无论柯南·道尔自己态度如何，福尔摩斯都是不相信魂灵的，也不是神秘事物爱好者。因此，揭开谜团对他而言是一种世俗行为。他没费多少时间。叙事将整个调查精简为三个行动：前期行动，詹姆斯·多德陪伴下的塔克斯伯里老庄园之旅，以及最后一幕。福尔摩斯根据自己的习惯，明确地说在案子没有得到解决之前他不会浪费口舌，也不会透露自己的想法。整个案件都建立在他的世俗立场之上。

福尔摩斯在多德陪伴下到达埃姆斯沃思家族的房子，他们受到上校的威胁，说要打电话给当地警方。面对这一求助法律和法律执行者的危险，世俗侦探必须介入其中。他给出了一个解释，写下一个词递给埃姆斯沃思上校，就起到了效果。一切都平息了。戈弗雷现身了，他讲述了自己的故事。禁忌、压抑，得到表达。对詹姆斯·多德而言，幻影掩盖了他同伴命运的谜团，给叙事留出空间，人们可能听见这一叙事就像听一场梦；叙事讲述了导致当下情况的幻象，以及他的一系列症状。

戈弗雷在受了伤、知道另外两个侦察兵被杀之后，在夜晚躲进了一间房子。第二天，他惊恐地发现那是一家麻风病医院。他在一位麻风病患者的床上睡了一夜。被遣返回国之后，他一直希望自己不要被感染，直到发现自己的皮肤开始变白。从那时起，他就在父母的保护下生活，躲在房子的附属建筑里。因为如果不躲起来他就会永远被关在麻风病院里。这就是夏洛克·福尔摩斯的解释，他只写了一个词：麻风病。

不过，之所以说解释可以带来这样的效果，而且上校没有躲在虚假的借口下继续解释儿子的失踪，那是因为福尔摩斯以世俗的方式出现在现场。他甚至在上校威胁要打电话给警方的时候明确道，这一举动将会造成他试图避免的灾难。"了解实情是我的事情。这是我的工作。"夏洛克·福尔摩斯承认道。知道，既不是评判，也不是治愈，或者在不能治愈的情况下惩罚对方。但是，他的世俗立场并没有阻止他在自己世俗性的外壳下求助于博学的专家，专家保证他不会滥用自己的权利。福尔摩斯采取了这样的行动。他邀请詹姆斯-桑德斯爵士为戈弗雷做诊断，后者是这种疾病的专家，人们对他的判断力可以绝对放心。"很有可能是假麻风或是鱼鳞癣。"医生接着补充道，"应该存在一些我们知之甚少的潜在力量在起作用？有没有可能是这个年轻男人在遇到传染病之后产生的担忧情绪，导致了类似他害怕的疾病会带来的身体状况？"

皮肤变白的军人被证明是清白的。戈弗雷不再是染上麻风病的罪人。睡在一个病人的床上并没有让他成为病人。只有福尔摩斯世俗的介入才能保证他摘除罪名。警察一定要执行法律，而法律对所谓的疾病是难以解决的；医生的诊断，就将是一项判决。上校不希望冒险让孩子接受检查，因为 20 世纪初，麻风病人必须要永远住进麻风病医院，他的孩子可能要永远与他分开。世俗立场的福尔摩斯并不受制于医学和警方的约束。柯南·道尔依然在文本中细心地注明所有人都做好了必要的预防措施：一个懂得医术的人照料病人，衣服进行了消毒，戈弗雷被隔离——因此没有传染的风险，作者始终忠于医学。不过，我们正是因为医生柯南·道尔提出的这样一个假设界定了如今的心身医学，这一医学思考了鲜为人知的微妙的力量，起作用的不是现身的鬼魂，而是焦虑。

世俗的立场使得对主体谜题的拷问成为可能，而不用考虑什么经济的、历史的、社会的说明，不用考虑何种疾病、有哪些症状、哪些不可能的欲望或者离谱的实现办法。谜题就是谜题。世俗之人这样明白了是什么组成了幻想，他将能指赶出了作用的核心——在这个案子中能指就是麻风病——然后便听见了主导军人人生的焦虑。

《福尔摩斯探案全集》中的这一篇小说非常精彩，因为作者有意识或者无意识地参与了演出。柯南·道尔医生曾在布尔战争中的一家野战医院工作，他通过桑德斯教授做出了鱼鳞癣的诊断。而医学的实践在考虑病因时，从来都没有想过会有精神上的因素，从来没有假设过这是一种心身医学疾病。他非常明确地指出：焦虑的解决可能要经历焦虑者自己害怕之事的发生。如果战士被说服，知道自己已感染了麻风病，他就不用再害怕未知，这是分析家们非常了解的情形。

"众所周知，对于某些主体而言，强大的心理印象也会对身体造成影响。"柯南·道尔在众多会面中的某一次也提到过这一点，彼时病人们去咨询柯南·道尔就像客人们去找福尔摩斯一样。那一次，是一个有一枚蛇形戒指的女人给他写信。一天夜里，她忘记把戒指取下来，便梦到自己在和一只想要咬她的狂躁怪兽打斗。早上，她的手臂上出现了淤青。她把戒指放在一边放了好几个月，但当她再次拿起戒指，现象又会重现。"没有什么超自然的事情出现。［……］她感觉到自己被咬的噩梦完全可能留下被咬的印象。［……］而事件之所以会发生第二次，当然是因为第一次带来的无意识暗示。"[1]柯南·道尔点评道。小说家医生并非不知道无意识命运，他在这里甚至提到了重复性强迫。

他的人物不会比他更博学。但是，因为夏洛克·福尔摩斯的世俗特色，小说家赋予自己的主人公对皮肤变白的军人进行强制医学诊断的能力。柯南·道尔通过自己的多重介入超越了全科医生的临床工作，他也面对了类似的两难问题。他可能希望，以桑德斯教授的形象，摆脱法律的责任，完全从道德层面平静地进行干预。同样，除了自己一贯的反教权主义之外，他还看到了世俗介入的必要性。

这样，世俗形象得以呈现。要完成诊断，要质疑原因，要出现

1　柯南·道尔：《我的历险人生》，第 130 页。

置身于另一种立场的必要性。于是，夏洛克·福尔摩斯的形象被勾勒出来，精神分析家也被创造出来；这不是一蹴而就的。在他们的发明者之后，为了探寻谜题，侦探们和分析家们就必须丢弃教士们的旧袍子。

第六章　无意识侦探

　　"您怎么看，亲爱的？"我的妻子看着我说，"您会去吗？〔……〕您总是对夏洛克·福尔摩斯先生的案件很感兴趣。〔……〕"

　　"您能来真的是太贴心了，华生。〔……〕对我来说，有我信任的人在身边真是大不一样。我在现场不是根本找不到帮忙的人，就是他们只能起到部分作用。如果您能保留两个角落的座位，我就去买票。"

　　《博斯科姆比溪谷秘案》的探案可以开始了。我们的两位伙伴，两位无意识侦探，都参与到工作之中。华生将自己的爱人——即他在《四签名》中遇到并成为他妻子的人——放到一边，自己原本的职业活动也放到一边——作为全科医生，他的病人们在他探案期间去他的同事那里。无论是感情还是医学，都不能干扰他的注意力；他全身心地投入他的世俗调查中。福尔摩斯承认，他朋友完全地参与其中，这一点非常重要。华生对他来说不可或缺，其他任何一个人都不能恰如其分地代替他扮演这个角色。搭档重建起来。在场的不是一张扶手椅，而是两张；当调查必须要出门行动，[1] 有什么比一节火车车厢能更好地体现分析家办公室呢？

为了热身，夏洛克·福尔摩斯着手进行他的推理之一，他秘密地进行这一推理。他猜到在华生家里，房间窗户在右手边。医生，这位始终忠实的观众非常震惊。福尔摩斯解释道，那时是夏天，每天早上他都会在阳光下洗漱。他的左脸胡子没刮干净，这代表了光是从右边来的。这样，侦探将自己的艺术与警察的艺术划了界线：M.雷斯垂德先生永远也不会注意到如此明显的事情。

读者非常高兴地发现主人公们又被安排在一起。但人们不一定会意识到夏洛克·福尔摩斯的观察是虚张声势。如果房间没有窗户，确认一个人房间里的窗户在右边没有任何意义。如果他不留意，和华生一样天真的读者，可能会以为侦探能够通过遥远的痕迹描绘出建筑的结构。福尔摩斯只是推理出华生刮胡子的时候右脸比左脸刮得更干净。于是，他可以假设华生早上洗漱时相对于窗户的位置，仅此而已。小说的文本，以及一些翻译文本，都足够的模棱两可，让读者可以将非凡的预知力投射到侦探身上。他被赋予的能力保证了他处在"被假设知道的主体"的位子上 [2]。这让当事人可以在"转移"的关系里参与其中。

读者稍后会读到的咨询来访者是"我人生中见过最具有魅力的年轻女人之一"。华生始终对世界上的美人非常敏感，这就是他的角色特点。激动泛红的双颊、闪闪发光的眼睛说明了爱丽丝·特纳的混乱不安。她面对着一个谜题，她的确是唯一什么都不知道的人，

1　原文为 déplacement，作者一语双关，影射分析中的"移置"。译者注。

2　"被假设知道的主体"（le sujet supposé savoir），即分析家在分析治疗中相对于分析者的位置，分析者假设分析家知道，从而带来了"转移"关系。译者注。

但是她首先希望解决一个爱情故事中的问题，正是因此她遇到了我们的两位主人公。她的女性直觉让她一下子分辨出了夏洛克·福尔摩斯和华生分别是谁：她明白其中哪一位不会屈服于她的魅力。她为他们带来了博斯科姆比溪谷的谜团，他们从那刻起成为受托人，与她分享谜团。把握何时解开秘密，了解被隐藏的事实，这就是无意识侦探的工作。

目前，两个男人身处行驶在铁路上的火车车厢里。这里，第一次会面通过报道事实的报纸实现。福尔摩斯弄清楚了状况，陈述出谜团中的元素，并把他明白的事情告诉华生。搭档起了作用。

查尔斯·麦卡锡在博斯科姆比溪谷里被发现的时候已经死了，脑袋被砸碎了。

"这是谋杀案吗？"
"我们可以假设这是一起谋杀案。但是我什么都不能
肯定，除非我有机会亲自去检查。"

临床医生没有急切地下任何结论，哪怕对于最显而易见的事情也是如此。在目前情况下，一切似乎都证实了对受害者儿子的指控。

"看上去［……］这是非常简单的那种案子，但其实
非常困难。［……］独特之处几乎是不变的标志。罪行越
没有什么突出之处，越看似平淡，其实越难弄明白。"

詹姆斯·麦卡锡被撞见时带了把枪，跟着他的父亲，然后和父亲发生了争吵。接着，他放话要这个男人去死，还信誓旦旦地说他的遗体会在树林里被找到。于是他就因为杀人被逮捕了。一个儿子

杀了自己的父亲，没有什么比这个更平淡无奇的事情了。这对分析家来说就是日常，因为每个人都上过关于俄狄浦斯的课。

> "假如我们用间接证据来证明罪行，这个案子就是如此。"
> "这些间接证据靠不住。"福尔摩斯回答道。[……]
> "如果人们稍稍改变自己的视角，就会发现这个证据清晰地指向了完全不同的事情。"

爱丽丝·特纳是约翰·特纳的女儿，博斯科姆比溪谷的所有者；麦卡锡是领地的农夫，但是他和特纳平等相处。两个人在澳大利亚认识，特纳就是在澳大利亚赚了大钱。几年之前，麦卡锡来到了郡里，从那以后，这两个过着隐居生活的鳏夫再也没有离开过这里。爱丽丝坚信自己的朋友詹姆斯·麦卡锡是清白的，于是求助于雷斯垂德警探。不过，警察不会改变自己的观点。作为理性科学和证据价值的囚徒，他仍然确信詹姆斯是有罪的。"因此，这就是为什么两个中年男人要以每小时五十英里[1]的速度向西而去，而不是安安静静地待在家里享受早餐。"

逐字解读

谜团被展示出来，夏洛克·福尔摩斯的世俗实践让他能够听到超出警方确定性的东西，虽然雷斯垂德十分固执。从今以后，我们

---

1 1英里约1609米。编注。

可以明白侦探的干预，就像分析中倾听的分析家。他要质疑事实，质疑证据，重新倾听每个人说的话，让联想得以展开。这些关联说出了在词语的平庸和草率的结论之外的，爱丽丝·特纳的无意识真相。

我们可以说最初几次会面是用于倾听詹姆斯·麦卡锡的话语。嫌疑犯在被捕的时候没有反抗，甚至说自己罪有应得。

"这就是招供！"
"并不是，因为之后他又宣称自己无罪。"

福尔摩斯立刻就改变了观点，进入另一个层面，幻想的层面。并不是内疚或是悔恨的人在现实中就真的有罪。不是因为詹姆斯对父亲出言不逊甚至可能希望他去死，就意味着他真的杀害了父亲。他感到有罪并不意味着他真的是凶手。警方的证据混淆了不同层面，或者更准确地说是没有考虑到幻想的层面。因此，福尔摩斯的第一次介入就让他视角的特殊性得以登场。从此，我们可以像倾听梦的叙事一样倾听詹姆斯·麦卡锡的叙述，那里面包含着梦者的秘密。

詹姆斯是拿了手枪去打猎的，他出门的时候也不知道自己跟在父亲脚步后面。一段时间之后，他听见了父亲的叫声——"Cooee!"是两个人相互呼喊的暗号。于是他跑起来，找到自己的父亲。他问他在那干吗，然后吵了起来，几乎要打起来。詹姆斯离开了他的父亲，但很快他就听见了另一声尖叫，可怕的尖叫。他急匆匆地赶过去，发现父亲奄奄一息，含糊不清地说着类似于老鼠（a rat）之类的词。詹姆斯有一个模糊的印象，似乎看到地上有一个灰色的东西，但是他去找人求助回来以后，这东西就不见了。

"我调查这个案件，我在考虑这个年轻人说的话是真的。"案件的解决经历了对叙事的理解和解释。夏洛克·福尔摩斯认为叙事是真实的，他逐字解读并从不同的元素之中一个接着一个找出线索。这是弗洛伊德《梦的解析》的技法，开始于对梦的叙述进行考量。梦有意义，需要时间得出它，并不是一开始一下子就能显现出来。

必须要多次会面才能弄清楚父子争吵的原因。查尔斯·麦卡锡想要他的儿子娶爱丽丝·特纳，显而易见。可能她并没有反对，但是詹姆斯还不了解人生，他不想就这么结婚了，年轻女孩为他辩解道。这遮掩了一个被隐藏、被压抑的、她没有意识到的情况：在外出上大学的几年中，这个男孩落入了一个荡妇的陷阱，他已经在法律上娶她为妻了。他隐瞒了这件事，而调查让这件事暴露。包含其中的其他元素就像梦之前夜的材料。福尔摩斯研究了凶案现场。詹姆斯·麦卡锡的说法得到证实。凶手把灰色大衣忘在现场，那就是年轻人看到的灰色东西。

当詹姆斯的话语得到信任，福尔摩斯便追随他的叙述去理解他。他找到凶杀现场的一些线索，就像即时的自由联想，它们被补充到叙事之中，确认了发生的事情。侦探在显现的话语中重建了现场。他证实了它们，让看不见的元素从阴影中走出来。这些元素之所以能进入意识范畴，是因为侦探在搜寻和倾听之后找到了这些元素、听见了这些元素。

夏洛克·福尔摩斯递给雷斯垂德警探一块石头，这就是凶器。他又向他描述了凶手的外形："高个男性，左撇子，右脚跛脚，穿着厚底猎人靴和灰色斗篷，抽印第安雪茄，使用烟嘴，口袋里有一把变钝的小折刀。"

这样，谜团想象的轮廓慢慢显现出来，一个场景、一个身影，但是还没有准确的姓名和动机。苏格兰场的男人做对了一件事，就是指出这些迹象对他来说几乎没用。缺少符号的层面。福尔摩斯没有说出更多的东西，只要足够证明詹姆斯的清白就行，不需要泄露案件里包含的其他秘密。

世俗活动要求侦探保持一定的距离。弗洛伊德在《非医学的精神分析问题》里明确了，一切分析家，即使是医生，都要对自己实践的世俗性负责。如果分析来访者需要一次医学会面，就必须要另一个医生对此负责。（精神分析与医学治疗）这是两个分开的场域。治疗自然是绝对保密的，但在绝对保密之上，是实践的定义本身在发挥作用。在这里，雷斯垂德从来都不知道福尔摩斯解释的内容，除非参与其中的人们决定公开。

一个能指

因此，福尔摩斯讲述新信息的对象是华生。他甚至对自己的搭档坚持说这些信息不是想象的领域，不属于描绘的范畴。有两个声音被听见，只要福尔摩斯能将这些信息引入符号范畴，并将这些元素视作能指，这两个声音会让福尔摩斯破案。

第一个元素"Cooee!"是查尔斯·麦卡锡的喊叫。这一叫声一定不是对自己的儿子发出的，因为他根本不知道儿子就在附近。我们能联想到这声喊叫是一个澳大利亚的词语。因此，受害人在等的另一个澳大利亚殖民地的居民，就一定是约翰·特纳。

第二个元素为谜团提供了最后一个词语。在他弥留之际，麦卡锡说出了"a rat"，他儿子也听见了这个词，但他把它当作父亲的谵妄，没有任何意义，只是想说有老鼠。福尔摩斯将这个词上升为能指，并通过联想解释它（他买了一张澳大利亚地图）。他发现 a rat 是澳大利亚城市巴拉瑞特（Ballarat）的最后两个音节。对于他来说，听到这些词就足够了，不剥夺它们的价值，也不忽视它们，把它们理解为能指，从而使它们在辞说系统中占据必要的位置，并将它们与他对案件中主角过去的了解联系起来。既然和澳大利亚有关，甚至有呼唤一个澳大利亚人的叫声——也就是"Cooee!"，那么神秘的 a rat 就应该在这样的背景中得到理解。这不是关于老鼠的没有意义的谵妄，这能指一定和主人公的故事有关。

"巴拉瑞特"是促使案件谜团揭开的解释。不过，案件的破解，侦探在结尾时的介入，再一次经历了其世俗立场的确立。这个立场保证了供认。"我不是警察［……］是您的女儿要我来这里，我为她工作。"夏洛克·福尔摩斯这样宣称，他又补充道："不是由我来进行审判。"因为凶手正是约翰·特纳，爱丽丝·特纳的父亲。提醒对他调查的起因，也提醒和他对话之人的世俗性，这让凶手说出作案原委成为可能。特纳吐露了心声，涉及的是他在澳大利亚巴拉瑞特帮派的过去，麦卡锡回到英国后对他敲诈勒索，但他不满足于钱财，还希望儿子能娶爱丽丝·特纳为妻，"而从来没有考虑过她会怎么想，好像她是个从堕落的境地中被拉出来的妓女"。

这时候我们就明白了，只有爱丽丝这个对这段历史一无所知的人面对了完整的谜团。也正是因为她对案件的来龙去脉毫不知情，才向夏洛克·福尔摩斯事务所表达了自己的请求。她的朋友詹姆斯自知清白，同时也知道自己已婚，不能娶她。麦卡锡，就算他不知道儿子拒绝结婚的原因，也知道特纳的整个故事。至于特纳，他手上握着全部知识，却想要保护自己的女儿，避免她成为其他人的目标。这就是本案结论的要点。

案件在没有更多干预的情况下结束了。通过巴拉瑞特，我们知道了故事的结尾。生病的约翰·特纳七个月后去世，"在高级法院上他愿意为自己的所作所为负责"。多亏了福尔摩斯在犯罪现场发现的证据，詹姆斯·麦卡锡获得清白。他的律师运用这些证据推翻了警方确定无疑的事情，另外，詹姆斯也从自己的婚姻关系中解放出来。诱惑他的女人，那个可疑的占卜师告诉他说，她已经结婚了，他们缔结的婚姻其实没有法律效力。

"一切似乎都指出儿子和女儿最终幸福地生活在一起，他们完全忘记了曾经笼罩他们的乌云。"因为夏洛克·福尔摩斯提醒特纳，他一开始就是为爱丽丝工作的。调查应她的请求而展开。也就是说，她可以认同自己的欲望，不再做一个不可能的男人永恒的未婚妻。她的故事不是她父亲的故事。这不仅仅是为这个年轻女孩留下父亲的完美形象，同样也在于把属于她的东西和不属于她人生的东西分开：一个是对詹姆斯的爱，另一个则是她父亲糟糕的过去。福尔摩斯不允许自己揭开那些没必要的、不能带来任何价值和意义的秘密。因此，对爱丽丝而言谜团依然存在，但如果她愿意，她可以自己去揭开这个谜团。

知识与倾听

精神分析实践止于分析家幻想开始之时，更准确地说不是与辞说的倾听脱节时，而是当幻想与话语的主体脱节时。当问题涉及文本时亦是如此。我们所知道的柯南·道尔，以及对夏洛克·福尔摩斯和华生探案记的阅读，让我们可以辨认出一种福尔摩斯式的实践，并在他对谜团的关注中，接近了同样诞生于19世纪末、在20世纪引起人们兴趣的弗洛伊德实践。不过，无论这里或者那里如何影射了我们假设的柯南·道尔主人公的无意识欲望，他们都不是肉身的存在。把一些解释投射在他们身上，我们就有可能要么落入精神分析解密网格的使用风险中，要么陷入作者的野蛮分析中。

这样，在《博斯科姆比溪谷秘案》中，我们可能会对正在上演的"四重奏"产生一些怀疑。两个男人、两个鳏夫、两个父亲、表面上没有母亲的存在，而两个孩子同龄，都是十八岁，一直都被称作儿子和女儿。他们从小就认识，一直情同手足。我们可以猜出这个悲剧的草图吗？另外，如果麦卡锡是一个母亲的形象，那就是一个太爱儿子的母亲；两个鳏夫之间的联系非常紧密，要么他们是两兄弟，那么我们就会在爱丽丝身上看到安提戈涅，在詹姆斯身上看到厄农（Hénon）。我们同样也可以强调在两个孩子身上占统治地位的乱伦之爱，总能找到与他们情形相符合的临床图景描述。

在《皮肤变白的军人》[1]中，我们发现了几个提到同性感情的标志。诚然，这可能会让柯南·道尔惊讶尖叫，即使某些人认为华生和福尔摩斯也是一对。既是战友，也与他分享自己的日常生活，各人有自己的枪，这与欲望或性欲毫无关系；只有最差劲的一类"弗洛伊德"才会这样想象。我们可能在桑德斯爵士背后辨认出为军人检查的医学教授，一个 sounder，探测仪，是寻找深处隐藏的东西，探测深渊的深度的人，我们可以听见他的诊断，就像听见通行许可——深处没有危险——即如同宣告无罪的判决。戈弗雷睡在病人的床上但并没有罪，或者至少他不应该因此被惩罚。他可以和等着他的朋友詹姆斯一起回去。上校应该释放自己的儿子，他不需要担心儿子的错误会遭到处罚，这个孩子应该获得自由，即使上校不这么认为，他也应该让自己的孩子和军人多德一起离开。这会给案件带来平庸爱情故事的一面，如果主人公不是两个男孩，那么它值得被写成一部公式化的完美结局的爱情小说。而我们可以肯定的是，

---

1 我们更常用这个译文标题，不用 Omnibus 出版社采用的 *Le Soldat blafard*，参见第五章。

这与柯南·道尔的意图相去甚远。那么，这是否是他无意识的愿望呢？没人能断言，原因很简单，就是作者已经不在这个世界上，我们又不能信任鬼魂，不相信他的魂灵可以在今天为我们进行说明。

的确有一篇小说，1898年由《海滨月刊》出版的《戴手表的男人》，与一个由朋友相陪的异装癖年轻男孩有关。他的哥哥尾随他，希望能将他带回正路，然而年轻男孩在三个男人的口角之中被误杀。"您对他的爱从来不及我的爱百分之一，虽然您可以嘲讽我对他的爱表现出来的方式。"[1] 年轻男孩的伴侣毫不含糊地向男孩的哥哥表明自己的心意。文本中的悬疑情节诚然能够凸显出夏洛克·福尔摩斯的能力，但是这次，侦探缺席了。柯南·道尔故意将《戴手表的男人》逐出《福尔摩斯探案全集》。

不过，我们可以继续阅读每篇作品，继续追随福尔摩斯的每一次探案，这些案子展现出一种特殊的实践。这些调查的解决离不开一些线索，而这些线索只有在侦探的系统性解释中才有意义。他能明白这些线索，因为他看它们的方式就好像这些证据就是留给他看的。留在桥梁栏杆上的痕迹，膝盖处脏掉的裤子，油漆或杂酚油的气味，波尔多酒杯剩下的一点底，手表上的擦伤，这些痕迹具有价值，并不仅仅因为夏洛克·福尔摩斯认为它们有意义，更因为这些元素成为能指，在与侦探有关的整体中占据了一个位置。

侦探探案。但是他首先要探查词语中、动作中、场景里的不同细节中与案件有关联的东西，也就是说这些对他说话的、应该在对侦探提出的请求中被考虑到的东西。无论福尔摩斯如何撰写关于报纸印刷字体、打字机排版、烟灰或者自行车轮胎压痕的专著，一个记号和意义之间，并不存在任何事先建立的联系。

1　柯南·道尔：《戴手表的男人》（*L'Homme aux montres*），《黑色研究》，第123页。

没有任何文本解释桥边的石井栏上的缺口是被绳子绑在石头上的手枪留下的痕迹，油漆的气味掩盖了让情侣窒息的气体的气味，杂酚油的气味表明麻风病人的存在。挂表发条小洞周围的刻痕只有在读取整个表盘的时候才有意义，三个红酒杯杯底只有一个有沉淀，这是吸引侦探注意力的最重要细节，虽然那时他还不知道为什么。至于脏膝盖，福尔摩斯非常小心地不将其视为正直的绝对标志，他在解释一系列其他痕迹之后才对脏膝盖进行解释。它们是一个句子的一部分，开始的几个词已经说出来了，而它们来将整个句子补充完整。[1]

这样，我们的确需要区分分析家工作中有时候会混淆的内容，就像在侦探工作中的一样：倾听的知识（savoir），和朝向某人发出话语的自身的知道（connaissance）。无意识，根据其定义，我们无法直接知道其任何内容。夏洛克·福尔摩斯有关事物和存在的知识是一种工具。这些知识让他可以知道谁制作了这封打印机打出的信件，猜到从哪家报纸上剪下字母写了这封匿名信，识破杀人犯抽了哪种雪茄，了解路上跟踪他的自行车是谁的。[2]

一方面，所有人都有这种知识。专著是一种词语的汇编，允许大家懂得一种语言中的单词，另一方面，被辨读的符号没有任何隐藏。这些符号甚至不加掩饰。信、印记和烟灰在每个人眼皮子底下，警察和侦探都能看得到。它们有着显梦中话语的状态。[3]一本符号字典在手，每个人都能试着解读：灰烬意味死亡，骑自行车意味着

---

1 《雷神桥之谜》《退休的颜料商》《皮肤变白的军人》《四签名》《格兰奇庄园》《红发会》。
2 《身份案》《巴斯克维尔的猎犬》《血字研究》《修道院学校》。
3 弗洛伊德认为梦由"显梦"和"隐义"两个部分组成，释梦的工作就是从显梦追溯隐义的过程。译者注。

独自一人，而匿名信意味着威胁。这几乎是雷斯垂德和格雷格森也能得出的结论。这样一些痕迹并不是专门留给侦探的，侦探也不是在毫无价值的杂乱里发现藏匿的迹象。他的确使用了这些痕迹，它们也非常珍贵，但是只有放进上下文中才获得全部的意义。涉及打字机的字符，这很简单，只需要知道谁使用了打字机；对于从《纽约时报》里剪下的字符，需要找回被剪掉的那份报纸；有成百上千的人抽印度手工雪茄，它只能是凶手身份的佐证；至于轮胎印，重要的是通过它来想象荒原上的场景。这些所有人都能看到的痕迹成为侦探调查的元素，成为对他所说的一句话的能指，因为他正是这样听见的。

还有其他更多的元素没有进入任何词汇目录当中。福尔摩斯看到了这些元素，把这些元素视作谜团的一个部分，是因为他在倾听。波尔图酒杯对所有人来说都表现出入室盗窃犯喝了东西，这是显性的辞说。福尔摩斯理解到这些是秘密故事的能指，压抑的话语，他只在一只玻璃杯底看到了沉淀，但同样也因为在他的观察中，他注意到一些有趣的东西，一些水手绳结，拉铃的绳子以奇怪的方式绑住，以某种特定方式打开的塞子。为了解决《格兰奇庄园》里的案件，斯坦莱·霍普金斯警探求助于夏洛克·福尔摩斯。

这也不是他第一次请求侦探帮忙破案，"而在每一次，他的求助都得到了充分的证实"。福尔摩斯疑惑了一下，因为关于入室盗窃未遂的显性辞说是一目了然的。"当一个人拥有如我一样的知识和特殊能力时，他有可能试着对已经有简单解释的事情寻找一个复杂的解释。"但是只要霍普金斯提出的请求被认为是真实的，他的知识、对专著的了解——这里是关于绳结和红酒的，以及他的能力即倾听的能力，始终发挥着作用。侦探感知到的整体，或者更准确地说，他独立出来的元素的整体，如同语误或过失行为，自此将建立起一个被隐藏辞说的能指之整体，我们可称其为被压抑之物，无意识。因此，这些元素只有在福尔摩斯认为它们能够带来对请求的理解的时候，它们才具有了意义。从那时起，它们成为谜团的能指。在此之前它们只是微不足道的细节。语误的意义只有在被人听见的时候才出现。

虽然福尔摩斯过了一段时间才接受黄金大王的请求，但《雷神桥之谜》中黄金大王提出的要证明年轻女教师清白的请求，让福尔摩斯解释了护墙石上的标记的意义，虽然别人觉得这个标记可以忽略。标记具有意义，只因为标记整合在支撑原初请求的辞说当中，否则这个标记不会被人发现，甚至不会存在。

当侦探让华生注意店铺伙计的脏膝盖时，他对自己的伙伴指出他看到了他期待的东西。脏膝盖这一能指在一系列能指中占据了一个位子，这个系列从参观城市这一街区开始，包括银行的地址、发出空声响的人行道，以及最后知晓的窃贼的身形。只有在福尔摩斯听到红发联盟中一个头脑简单的人朝他提出的请求之后，这样繁多的元素才获得了它们的价值，它们构成了一个绝妙的入室盗窃的计划。

华生和马克·肯南警探都注意到了退休颜料商家里的油漆气味。只有福尔摩斯让油漆味成为一系列线索中的第一个，这个线索结束在一条煤气管道和两具尸体上。他逐字解读了咨询来访者想要找回自己妻子的请求，虽然是他自己把她杀了。一个看似与失踪案相差甚远的元素，比如这个油漆的味道，也会引起他的注意。如此强烈的气味是为了掩盖另一个气味。而在皮肤变白的军人父母家察觉的气味则位于符号链的最末端。这一能指补全了整个案件，福尔摩斯解释道。是最后一个元素证实了全部其他元素。消毒水的气味意味着传染的风险。

最后，在《四签名》中，福尔摩斯很享受回答华生提问的感觉，他猜到他的怀表和前主人的故事。插挂钟钥匙的开口周围的划痕是最后一击，在刻下的首字母、典当行给出的借贷数字和凹凸不平布满裂痕的壳子之后，最后的具有意义的痕迹得到揭露。这讲述了医生的一个粗心大意的兄弟，马马虎虎又无所顾虑，任凭自己的运气溜走，偶尔过一些阔绰的日子，更多时候都过着贫困的生活，死前终日酗酒。福尔摩斯说出的全部痕迹，华生都非常清楚，表就是他的，但是对他而言，这些痕迹没有意义，没有任何理由以另一种方式解读这些痕迹；他不会让怀表来描绘自己已经太熟悉的兄弟。

听见谜团

当然，在这里谈论无意识是一种对语言的滥用，因为犯罪总是有人知道的，那么对这个人而言，夏洛克·福尔摩斯识破的其实是意识的部分。不过，对于侦探、华生医生、警察和世界而言，谜团就是全部。正是谜团向福尔摩斯提出了请求。一个人不知道的关于自己的东西，同样是谜一般的、无意识的。去见一个精神分析家，就是请求揭露这一不为自己所知的内容。于是一个主体试图去理解它，他的某一部分对它也是知道的；它表现为症状、不适、焦虑、失误的话语或是回避的动作。每个案子都以自己的方式展现了说出谜团的一种可能性。它们并非数不胜数，但又不尽相同。

在《雷神桥之谜》一案中，没有人知道故事的结局，因为受害人本人策划上演了自己的死亡。她是自杀，但人们认为她是被谋杀的，于是她将用来自杀的手枪靠一块石头和一条绳子带入水中。她没有想到，一个微不足道的痕迹会暴露自己的行动，完全就像一个语误揭露了无意识的欲望。

在《格兰奇庄园》一案中，三个人知道真相，筹划组织了让人以为是餐桌上的几个人被袭击的场景，在斗争之中，陷入爱情又受到尊重的骑士杀了卑鄙的丈夫。但是实现的过程并不完美，还是有一些痕迹没能逃过夏洛克·福尔摩斯的眼睛；这就像弗洛伊德在癔症患者身上破译的症状。他们的戏剧讲述了另一个故事，一个他们不想承认的故事。侦探和分析家不会轻易被故事的表象所欺骗。

《退休的颜料商》里，颜料商同样完全了解妻子和情人消失的秘密，他知道自己有罪，是他杀了这两个人。但在他那里，没有任何演出，更多的是隐藏。因此，不是体现症状的戏剧性，而是压抑在起作用。福尔摩斯没有上当，油漆的气味是为了掩盖不可告人的东西，为了避免某个东西进入他的意识。

除了揭露了生理学的例子（《爬行者》《狮鬃毛》），其他的机制也需要被注意，《巴斯克维尔的猎犬》《斑点带子案》中的恐惧症，或者《身份案》《显贵的主顾》中倒错者的操纵。我们可以根据发挥作用的过程将案件归类。有的案件中，关键在于阉割（《工程师大拇指案》《硬纸盒子》），另一些案件中，施虐的冲动在起作用（《驼背人》《吸血鬼探案》）。然而，重要的不是制作一个目录、撰写一部新的关于福尔摩斯精神分析式探案的专题著作，而在于理解，无论谜团在什么样的模式下呈现给侦探，他都可以通过他对其活动本身的定义，通过他工作的特殊性，通过他介入的风格，让隐藏的话语浮现，让这些隐藏的话语存在。当工作中既没有症状，也没有特殊机制显现的情况时同样如此。无意识只有在有人倾听的时候，才会在话语中成形和表达出来。

这正是当夏洛克·福尔摩斯识破入室盗窃的准备工作，让化身为商店员工的约翰·克莱——这个臭名昭著的盗贼——大为吃惊时所发生的事情。他为自己创造机会，编造了莫须有的"红发会"，以此为幌子，支开店里的红发杰贝兹·威尔逊，让后者到红发会里工作。这样，克莱独自一人自由地挖地道，从商店的地窖挖出一条直接通往旁边银行保险箱的地道。自此，窃贼只需日常的谨慎就完成了自己的工作，不用特意的安排。他的活动本来就都在地下进行，而他不紧不慢的十字镐朝着金子的方向前进，如同在口袋深处表现时间的华生的怀表一样按部就班。小偷准备他的盗窃行为，丝毫没有表现出来，计时器积累了流逝时间的印记，而人们对此都无察觉。每个人有自己的生活、活动和归纳为能指的东西，尽管并不显眼，但它们仍是必不可少的。

的确，裤子膝盖处脏掉的那一块，当铺的位置，人行道下面空掉的部分对于没有试图从中找出意义的人来说就不具有意义。手表上许许多多的划痕和刻纹也是如此。在侦探因人们的请求开始倾听这些标记的时候，这一切就形成了一个整体，并组成了一套可辨认的辞说。首先是发现这些标记，将它们从周遭的环境中提取，从淹没它们的空间中剥离出来。察觉到人行道听上去是空心的，这意味着能够将这种空心的声音从周围环境的声音中区分出来，包括城市的声音、小轿车开车的声音、行人的脚步声。接着，因为其特殊的回声，侦探会将这个声音视作不寻常的空洞的标志。注意到怀表上钥匙孔周围的划痕，意味着侦探将这些划痕与其他痕迹或是华生手指留下的痕迹区分开来；之后就轮到福尔摩斯的逻辑发挥作用，将不同的元素纳入一个线索链，这些元素相互给予意义。小偷和银行意味着入室盗窃，再加上带有泥土污渍的长裤和人行道下方的空洞，这些元素一同指向一条直通保险柜的地道。

与读者应该了解文本书写的语言从而跟随夏洛克·福尔摩斯的

探案一样，一定数量显而易见的先决条件对探案者而言必不可少。懂得看伦敦地图，知道银行地下室有什么，对怀表的运转方式和刻下的首字母的意义有所了解，这些都是一些先决条件。这是传播的一个部分，但是人们不会将它当作课程去学习；这是一种语言的宝藏，事先存在但也不是一成不变、非生命的存在。在福尔摩斯之后，有很多小偷在银行保险柜的地下挖隧道，但是很少有人使用配有一个钥匙的洋葱表[1]。这个动作变成了古董商的特权，有些人已经不懂这个动作是干什么的了。一个词消失了，语言却在每个人产生的效应中保持鲜活。或许有一天，当文本没有被改写为当代的文字时，人们也需要笔记才能读懂柯南·道尔、弗洛伊德或拉康的作品。然而，谜团一直在场，在柏拉图的希腊语中，在拉伯雷或蒙田的法语中，在塞万提斯的西班牙语和莎士比亚的英语中。

于是，我们明白福尔摩斯的解释如何在此触及分析家在主体表达的话语下听到的无意识话语。这一内容不一定总是表现为语误，不一定充满双关或是言外之意。话语也可能如同偷东西的小偷或计时的怀表。但是话语的表达有自己的风格，风格标志了主体的结构。风格总是和孩子来到语言世界的方式有关，甚至在孩子说话之前，当语言通过哭声和倾听、呼喊和回应、牙牙语和它们的回音逐步建立的时候。

《福尔摩斯探案全集》的魅力，同样在于这些探案故事唤起的内容。对每个人而言，这都是对创造世界的遥远回忆的复苏，也就是在无意识间，来到这个世界的主体与他将领会为外部现实的东西之间的编织。这是对谜团的一种可能表达：在这里我是谁？

1　"洋葱表"（montres-oignon）是一种老式古董怀表，表蒙凸起形似洋葱，用钥匙或者发条上弦。又叫凸蒙怀表。译者注。

一个面对精神分析家的请求中所抛出的问题。我理解世界，深入世界的方式是否准确？福尔摩斯给读者一个令人心安的答案。我对世界的理解不是谵妄，因为推理得到了证实。从那时起，谜团能在问题中走得更远、更高，而侦探从他的世俗的立场出发，只有评论，从不回答。有时当罪犯在诉讼前死亡，负责此案的主要法官会被审查。

"看上去是不值得一提的无赖，但是我相信每个人身上某处都藏有小小的不朽火花。看着这些人的时候，你不会相信。从理论上来说我们没有任何理由想象这种火花的存在。人是多么奇特的谜团啊。"福尔摩斯不会从理论上探讨哲理。他带着维多利亚时代的观点观察。他知道人们可以猜到群体的运动，但是他承认人们"永远不能预言一个确切的人会做出什么"[1]。也正因此，侦探和分析家应该尊重人类谜一般高深莫测的部分。这是侦探和精神分析艺术的悖论，这种艺术永远不会破坏主体的谜团。

1　《四签名》，第十章。

参考文献

阿瑟·柯南·道尔作品

福尔摩斯探案系列
（按出版时间排序）

以下名录包括小说和文集的原著标题、常用法语译本标题、常用中文译本标题、初出版年份。法语版标题如果差异较大，均采用 2007 年 Omnibus 出版社的译本。

短篇小说大多发表于《海滨月刊》、《科利尔周刊》（*Collier's Weekly*）和《自由》，之后集结成册。英语文集内容和法语文集内容不尽相同。

《血字研究》
A study in scarlett / Une étude en rouge   1887

《四签名》
The sign of four / Le Signe des quatre   1890

《福尔摩斯探案集》
The adventures of Sherlock Holmes / Les aventures de Sherlock Holmes

《波希米亚丑闻》
A scandal in Bohemia / Un scandale en Bohême   1891

《红发会》
The red-headed league / La Ligue des rouquins   1891

《身份案》
A case of identity / Une affaire d'identité   1891

《博斯科姆比溪谷秘案》
The Boscombe valley mystery / Le Mystère du Val Boscombe
（*Le Mystère de la vallée de Boscombe, ed. Omnibus*）   1891

《五粒橘核》
The five orange pips / Les Cinq pépins d'orange   1891

《歪嘴的男人》
The man with the twisted lip / L'Homme à la lèvre tordue   1891

《蓝宝石案》
The adventure of the blue carbuncle / L'Escarboucle bleue   1892

《斑点带子案》
The adventure of the speckled band / Le Ruban moucheté
（*La Bande tachetée, ed. Omnibus*）   1892

《工程师大拇指案》
The adventure of the engineer's thumb / Le Pouce de l'ingénieur   1892

《贵族单身汉案》
The adventure of the noble bachelor / Un aristocrate célibataire   1892

《绿玉王冠案》
The adventure of the beryl coronet / Le Diadème de béryls   1892

《铜山毛榉案》
The adventure of the copper beeches / Les Hêtres rouges
（*Les Hêtres-Dorés, ed. Omnibus*）   1892

《银色白额马》
The adventure of Silver-Blaze / « Flamme d'argent »   1892

《硬纸盒子》
The adventure of the carboard box / La Boîte en carton   1893

《黄面人》
The adventure of the yellow face / La Figure jaune
（*Le Visage jaune, ed. Omnibus*）   1893

《跳舞的人》
The adventure of the dancing men / Les Hommes dansants   1903

《孤身骑车人》
The adventure of the solitary cyclist / La Cycliste solitaire   1903

《修道院学校》
The adventure of the Priory school / L'École du Prieuré   1904

《黑彼得》
The adventure of the Black Peter / Peter le Noir   1904

《查尔斯·奥古斯都·米尔沃顿》
The adventure of Charles Augustus Milverton /
Charles–Auguste Milverton   1904

《六座拿破仑半身像》
The adventure of the six Napoleons / Les Six Napoléons   1904

《三个同姓人》
The adventure of the three students / Les Trois étudiants   1904

《金边夹鼻眼镜》
The adventure of the golden pince-nez / Le Pince-nez en or   1904

《失踪的中卫》
The adventure of the missing three-quarter /
Un trois-quarts a été perdu   1904

《格兰奇庄园》
The adventure of the Abbey grange / Le Manoir de l'Abbaye   1904

《第二块血迹》
The adventure of the second stain / La Deuxième tâche   1904

《福尔摩斯回忆录》
Reminiscenses of Sherlock Holmes / Les Mémoires de Sherlock Holmes

《威斯特里亚寓所》
The adventure of Wisteria lodge / L'Aventure de Wisteria lodge   1908

《布鲁斯–帕丁顿计划》
The adventure of the Bruce-Partington plans /

Les Plans du Bruce-Parrington   1908

《魔鬼之足》

The adventure of the devil's foot / L'Aventure du pied du diable   1910

《红圈会》

The adventure of the red circle / L'Aventure du cercle rouge   1911

《弗朗西丝·卡法克斯女士的失踪》

The disappearance of Lady Frances Carfax /

La Disparition de Lady Frances Carfax   1911

《临终的侦探》

The adventure of the dying detective /

L'Aventure du détective agonisant   1913

《恐怖谷》

The valley of fear / La Vallée de la peur   1914

《最后致意》

His last bow : the war service of Sherlock Holmes /

Son dernier coup d'archet   1917

《新探案》

The case-book of Sherlock Holmes / Les Archives de Sherlock Holmes

《蓝宝石案》

The adventure of the Mazarin stone / La Pierre de Mazarin   1921

《雷神桥之谜》

The problem of Thor bridge / Le Problème du pont de Thor   1922

《爬行者》

The adventure of the creeping man / L'Homme qui grimpait

（L'Homme qui rampait, ed. Omnibus）   1923

《吸血鬼探案》

The adventure of the Sussex vampire / Le Vampire du Sussex   1924

《三名同姓之人探案》

The adventure of the three Garridebs / Les Trois Garrideb   1924

《显贵的主顾》

The adventure of the illustrious client / L'Illustre Client 　　　　1924

《三角墙山庄》

The adventure of the three gables / Les Trois pignons 　　　　1926

《皮肤变白的军人》

The adventure of the blanched soldier / Le Soldat blanchi

(Le Soldat blafard, ed. Omnibus) 　　　　1926

《狮鬃毛》

The adventure of the lion's mane / La Crinière du lion 　　　　1926

《退休的颜料商》

The adventure of the retired colourman /

Le Marchand de couleurs retiré des affaires

(Le Marchand de couleurs retraité, ed. Omnibus) 　　　　1926

《戴面纱的房客》

The adventure of the veiled lodger / La Pensionnaire voilée 　　　　1927

《肖斯科姆别墅》

The adventure of Shoscombe old place /

L'Aventure de Shoscombe old place 　　　　1927

福尔摩斯探案系列

（按法文版作品名字母排序）

Une Affaire d'identité 《身份案》

Un Aristocrate célibataire 《贵族单身汉案》

L'Aventure de Shoscombe Old Place 《肖斯科姆别墅》

L'Aventure de Wisteria Lodge 《紫藤居探案》

L'Aventure du cercle rouge 《红圈会》

L'Aventure du détective agonisant 《临终的侦探》

L'Aventure du pied du diable 《魔鬼之足探案》

La Boîte en carton 《硬纸盒子》

Charles–Auguste Milverton 《查尔斯·奥古斯都·米尔沃顿》

Le Chien des Baskerville 《巴斯克维尔的猎犬》

Les Cinq pépins d'orange 《五粒橘核》

La Crinière du lion 《狮鬃毛》

La Cycliste solitaire 《孤身骑车人》

Son Dernier coup d'archet 《最后致意》

Le Dernier problème 《最后一案》

La Deuxième Tache 《第二块血迹》

Le Diadème de béryls 《绿玉王冠案》

La Disparition de Lady France Carfax 《弗朗西丝·卡法克斯女士的失踪》

L'Ecole du prieuré 《修道院学校》

L'Employé de l'agent de change 《证券经纪人的书记员》

L'Entrepreneur de Norwood 《诺伍德的建筑师》

L'Escarboucle bleue 《蓝宝石案》

Une Etude en rouge 《血字研究》

La Figure jaune 《黄面人》

« Flamme d'argent » 《银色白额马》

Le « Gloria Scott » 《"格洛里亚·斯科特号"三桅帆船》

Les Hêtres rouges 《铜山毛榉案》

L'Homme à la lèvre tordue 《歪嘴男人》

L'Homme qui grimpait 《爬行者》

Les Hommes dansants 《跳舞的人》

L'Illustre Client 《显贵的主顾》

L'Interprète grec 《希腊译员》

La Ligue des Rouquins 《红发会》

La Maison vide 《空屋历险记》

Le Manoir de l'Abbaye 《格兰奇庄园》

Le Marchand de couleur retiré des affaires 《退休的颜料商》

Le Mystère du Val Boscombe 《博斯科姆比溪谷秘案》

Le Pensionnaire en traitement 《住院的病人》

La Pensionnaire voilée 《戴面纱的房客》

Peter le noir 《黑彼得》

La Pierre de Mazarin 《蓝宝石案》

Le Pince-nez en or 《金边夹鼻眼镜》

Les Plans du Bruce-Parrington 《布鲁斯–帕丁顿计划》

Le Pouce de l'ingénieur 《工程师大拇指案》

Le Problème du pont de Thor 《雷神桥之谜》

Les Propriétaires de Reigate 《赖盖特乡绅》

Le Rituel des Musgrave 《马斯格雷夫仪式》

Le Ruban moucheté 《斑点带子案》

Un Scandale en Bohême 《波希米亚丑闻》

Le Signe des quatre 《四签名》

Les Six Napoléons 《六座拿破仑半身像》

Le Soldat blanchi 《皮肤变白的军人》

Le Tordu 《驼背人》

Le Traité naval 《海军协定》

Les Trois Garrideb 《三个同姓人》

Les Trois pignons 《三角墙山庄》

Un Trois-quart a été perdu 《失踪的中卫》

La Vallée de la peur 《恐怖谷》

Le Vampire du Sussex 《吸血鬼探案》

非福尔摩斯系列文集、作品、文章

L'Arrivée des Huns 《匈奴人的到来》

A un critique sans discernement 《缺乏判断力的批评》

Le Brigadier Gérard 《吉拉德准将》

Le Glergyman du ravin de Jackman 《杰克曼峡谷的格列格曼》

Les Campagnes britanniques en Europe 《欧洲英国战场》

Le cas Oscar Slater 《奥斯卡·斯莱特事件》

La Compagnie blanche 《白衣军团》

Contes d'autrefois 《往昔故事》

Contes du camp 《营地故事》

Le Crime du Congo 《刚果罪行》

Danger 《危险》

Déposition de J. Habakuk Jephson 《哈巴库克·杰弗森声明》

La Dernière galère 《最后一个苦役》

Etudes en noir（*titre français d'un recueil de textes divers*）
《黑色研究》（法国出版社出版的柯南·道尔杂文文集）

Les Exploits du Pr Challenger 《查林杰教授系列》

Les Fées sont parmi nous 《仙女来了》

La Fin des légions 《军团的末日》

Girdleston et Cie 《吉尔德斯通公司》

La Grandre guerre des Boers 《伟大的布尔战争》

La Grande ombre 《大阴影》

L'Homme aux montres 《戴手表的男人》

Les Lettres de Stark Munro 《斯塔克·蒙罗书信》

La Machine à désintégrer 《崩解机》

Micah Clarke 《麦卡·克拉克》

Le Monde perdu 《失落的世界》

Une Mort spectaculaire 《惊人之死》

Oncle Bernac 《博纳克叔叔》

Au Pays des brumes 《迷雾之地》

Point de contact 《联络点》

Les Quatorze enquêtes préférées de l'auteur 《作家精选十四案》

Quelques renseignements privés sur Sherlock Holmes
《夏洛克·福尔摩斯的私人信息》

Les Réfugiés 《难民》

Sir Nigel 《奈杰尔爵士》

Sur la piste du faussaire （attribution douteuse） 《跟踪伪造者》

La Tragédie du Korosko 《科罗斯科的悲剧》

La Vérité sur Sherlock Holmes 《关于夏洛克·福尔摩斯的真相》

Ma Vie aventureuse 《我的历险人生》

西格蒙德·弗洛伊德作品

著作

L'Avenir d'une illusion 《一个幻觉的未来》

Contribution à l'histoire du mouvement psychanalytique
《对精神分析发展史的贡献》

Dostoïevsky et la mise à mort du père 《陀思妥耶夫斯基与弑父情结》

Un Enfant est battu 《一个被打的小孩》

Etudes sur l'hystérie （avec J. Breuer） 《癔症研究》（与约瑟夫·布洛伊尔合著）

L'Homme aux rats, journal d'une analyse 《鼠人：强迫官能症案例之摘录》

L'Interprétation des rêves 《梦的解析》

Malaise dans la civilisation 《文明及其不满》

Le Mot d'esprit et sa relation à l'inconscient 《诙谐及其与无意识的关系》

De la psychanalyse «sauvage» 《论"野蛮"分析》

Préface à A.Aichhorn Jeunesse à l'abandon
《奥古斯特·艾康〈无人看管的年轻人〉序言》

Préface à J.G. Bourke Les rituels scatologiques
《约翰·格雷戈里·伯克〈排泄仪式〉序言》

Psychopathologie de la vie quotidienne 《日常生活的精神病理学》

La Question de l'analyse profane 《非医学的精神分析问题》

书信

Sigmund Freud

-K.Abraham *Correspondance* 与卡尔·阿夫拉姆《书信》

-Sándor Ferenczi *Correspondance* 与桑多尔·费伦齐《书信》

-W.Fliess *La naissance de la psychanalyse, correspondance.*
与威廉·弗里斯《精神分析的诞生，书信》

-E.Jones *Correspondance* 与爱德华·琼斯《书信》

-C.Jung *Correspondance* 与卡尔·荣格《书信》

-Oskar Pfister *Correspondance* 与奥斯卡·普菲斯特《书信》

埃米尔·加伯利奥（Emile Gaboriau）作品

L'Affaire Lerouge 《勒沪菊命案》

La Corde au coup 《绞索》

Dossier 113 《113 号档案》

Monsieur Lecoq 《勒考克先生》

雅克·拉康（Jacques Lacan）作品

L'Ethique 《伦理》

Les Non-dupes errent 《不愿上当者犯错》

La Relation d'objet 《对象关系》

埃德加·爱伦·坡（Edgar Allan Poe）作品

Aventures d'Arthur Gordon Pym 《阿瑟·戈登·皮姆的故事》

Double assassinat dans la rue Morgue 《莫格街凶杀案》

La Lettre volée 《失窃的信》

Le Mystère de Marie Roget 《玛丽·罗杰疑案》

Le Scarabé d'or 《金甲虫》

儒勒·凡尔纳（Jules Verne）作品

Le Capitaine Hatteras 《哈特拉斯船长历险记》

L'Ile mystérieuse 《神秘岛》

Le Sphinx des glaces 《南极之谜》

译后记

2021 年的夏天，因为禄口机场出现的新冠疫情，南京再次升级了防疫措施，非必要不出门。正好利用这段时间，我们重新整理了《福尔摩斯与无意识侦探》的译稿。这样，暂时的困境很快转成了安心翻译的保证。

《福尔摩斯与无意识侦探》，是帕特里克·阿夫纳拉系列作品中的第三本。在这里，我们想谈谈对这本书的理解。

在翻译过程中，我们经常无意地打错字，"福尔摩斯"和"弗洛伊德"两人的名字因为开头的"fu"读音经常被混淆。这仅仅是声音上的巧合吗？巧合并非偶然，一定有一些东西让两人的形象重叠，就像梦的呈现一样。那么，具体是什么将两人联系在一起呢？是两人都有着引人注意的冷峻犀利目光与辛辣言辞吗？是差不多的时代背景，让他们有着类似的穿着和绅士风度吗？是的，这些因素都存在，但只是这样理解就太片面了，这两人的联系值得我们更深入地探讨。

首先，是关于他们的研究方法。这种方法，建立于科学时代，有着标准的操作：观察—假设—验证。在这种方法中，因为观察通常始于看见，所以眼神自然就首先被注意到：经常被凸显和夸大的福尔摩斯位于放大镜后的眼睛，弗洛伊德如"鹰隼一般锐利的眼神"。在某种程度上，这也是事实。然而，这离福尔摩斯或弗洛伊德的真正工作还有一段距离。如果仅仅关注视觉形象，我们就会偏离工作的实质。

其次，是关于请求。阿夫纳拉先生在本书中讲的故事，是从请求开始的。绝望的来访者，不抱希望的人，他们来到工作室。"请坐，请讲讲您的麻烦。"与所有的故事一样，目光需要移置到声音上面，真理之锁才能被打开。请记住故事是从一个请求开始的，这是侦探与精神分析的相同起点。

最后也最重要的，是关于谜题。这个问题如此重要，我们不得不多费点笔墨。

本书提到，柯南·道尔受到过乔治·巴德的启发，但他并未停留在前人的思路上。他在《戴手表的男人》中写道："不论案情的真相为何……这案子一定建立在一些奇异罕见的事件同时发生在一起这个事实基础上。所以，在对案情的解释中，不要再有什么犹豫，我们必须假设这些事件同时发生了。在目前缺乏条件的情况下，我们必须丢弃分析的方法或者所谓的科学调查方法，以一种更流行的综合调查法取而代之。总之一句话，不是拿着已知的事件，从中推断出之后发生的事，而是建立一种充满想象力的解释，这种解释将和各种我们已知的事件严丝合缝。同时，我们可以用各种新得到的事实来检验这种解释。如果新发现的事实全都在这种解释里找到合适的位置，那就说明我们的解释是在正确的轨道上行进。这种解释和证明的过程，一直持续到最终可信的证据证明这种解释是正确的为止。"[1]

---

1 （英）柯南·道尔：《戴手表的男人》，收入《失踪的专列》，崔琳译，新华出版社，2016 年，第 68 页。

弗洛伊德在巴黎遇见法医布鲁瓦戴，后者断言：一具女尸的脏膝盖表明死者生前是个正直的女孩。法医敏锐的观察，大胆的推断，对弗洛伊德颇有启发。弗洛伊德曾写道："我看到一幅猜字的画谜，画的是一间房子，屋顶上有一条船，一个字母，还有一个被砍掉了头的人在跑着……画的整体及其组成部分都不合逻辑。一条船与屋顶毫无关系，无头的人怎么能飞跑？这个人怎么比房子还大？如果这是一幅风景画，字母在画面上则不应该占有位置，因为大自然中从没有发生过这种事情。如果我们抛开……批评，用适当的字母或者单词去代替每一个单独的成分，我们就能对这画谜得出正确的判断。以适当方式组合起来的字句就不再没有意义，而是可以构成诗意和寓意很深的谚语了。梦就是这样一种画谜。"[1]

对安娜·O、艾米·冯恩夫人、杜拉、鼠人等名字了如指掌的精神分析家和咨询师们，读到《红发会》《银色白额马》《狮鬃毛》《皮肤变白的军人》等侦探故事时，会感觉奇特但又异常熟悉。为什么会这样？因为侦探与精神分析家是在不同的领域做着同样的事情，他们都是解开谜团、寻找真相的人。

精神分析家和侦探一样，并不会停留在谜面上，虽然这谜面令人眼花缭乱，经常让人毫无头绪。分析中遭遇的谜题，像极了福尔摩斯探案中的那些蛛丝马迹：墙上留下的令人无从下手的单词，消失的管家，自中世纪以来在家族中流传的歌谣……《少女杜拉》中怪脾气的少女、稀奇古怪的梦、珠宝盒、巧合的时间，《鼠人》中那施加给过世之人的刑罚、半夜在镜子前进行的奇怪仪式……我们还可以找出无数类似的"痕迹"。

必须以合适的方式解谜。

1　（奥）弗洛伊德：《释梦》，孙名之译，商务印书馆，1996 年，第 278 页。

谜语是全人类热衷的游戏。人们用各种方式制造谜面，又费尽心思地解开谜底，在这一过程中，反复创作，乐此不疲。人与动物有一个区别，即使这不算本质区别，也是很大的区别：动物制造记号（signe），而人类制造谜语。狗会在自己经过的电线杆上撒尿，它圈出属于自己的地盘或者留下气味给同伴，这是真实的。人类的记号则脱离了标记的范畴，进入谎言和幻想的领域，人类立个标记说此地无银未必真无银，说心中有真爱未必真有爱。

谎言与幻想，让解开人类的谜语成为很复杂的事情。事实上，很多谜题的解开，并不是布鲁瓦戴式的，也不是巴甫洛夫式的，谜面与谜底之间并不是僵硬的等式。对侦探来说，凶器上的指纹可能是凶手为栽赃留下的，夜晚的黑影只是为了嫁祸鬼魅。同样对于精神分析来说，"盒子等于女性性器官""钢笔或雨伞等于男性性器官""弗洛伊德等于泛性论"，这些对精神分析粗糙生硬的解读应该结束了。在与来访者交流的过程中，必须有如此的态度：必定有些人经过、有些事情发生、有些言语停留在来访者那里，才会有那时那地的不可思议且未被理解的痕迹。在这本书中，我们可以寻找到关于痕迹、关于解释的最生动的例子。它们与谜语制造者们的生活史相联系，能把故事的前言与后语衔接起来。打个比方说，一个孤立的齿轮只有与整个装置相连，才能发挥作用，带动机器运行，否则这个齿轮就不具有价值与功能。

不过，对于猜谜，侦探与精神分析家还是有所不同。侦探受委托破案，在此过程中，有时候委托人并不知道缘由，有时候被还以清白的受害人（可能已经死亡）可能永远也没有机会知道真相。但是，精神分析家要做的是让制造谜题之人自己解出谜题。精神分析家不会去占据智者提瑞西亚斯的位置。解谜的方法是多元的，答案也不只一种，最终只有谜语所有者才能给出最有说服力的答案，这是他的选择和权利。

侦探故事的世俗维度，也是文学的创作，只有精神分析完全处在世俗维度，不求助于任何神仙皇帝，也不求助于彼岸救赎，当然也就不能虚构文学作品当中理想的故事环境。生活并没有随着得到谜底而完美终结，更多的是半掩的真相、继续涌现的新谜题和永远流淌的生活本身！

我们翻译的帕特里克·阿夫纳拉先生的第一本书是《倾听时刻：精神分析室里的孩子》，这是作者的代表作，在法国多次再版。作者在书中讲述了对孩子进行精神分析工作的经验与反思，分析案例众多又不失细节，运用理论无形又透彻精准。2020 年的中译本出版不到一个月，就重印了三次，可见中国同道与读者也深知其价值。

我们翻译的第二本阿夫纳拉先生的书是《房子：当无意识在场》。这是一部新作，2020 年在法国出版。这部作品的出版时间与世界范围内的新冠疫情大爆发迎头相撞。阿夫纳拉不是为了疫情的防控写的这本书，但是对疫情的反思，陡然提升了书的价值。疫情的防控措施，让我们更多地留在家中，留在房子里。但是曾经或者现在，我们真的有好好审视过每天都居于其中的这个空间吗？其实，就算没有疫情，我们也要好好认识自己的居所：房子是我们待得最多的地方，房子是我们的故事上演最多的舞台，房子是最能保护我们也是最让我们受伤的地方，房子是人类社会不可或缺的背景。弗洛伊德说："自我不是自己房子的主人。"他真的只是在象征意义上说的吗？也许，所谓的无意识，从来就存在于真实的房子里，或者说房子就是无意识形象的具象化，一直和我们共存。

我们还将翻译出版第四本阿夫纳拉的书：《金钱：从左拉到精神分析》。金钱困扰过左拉，这在将出版的这本书中会详述，这里先不剧透。但其实，金钱也困扰着或困扰过我们每一个人，包括弗洛伊德。弗洛伊德子女众多，经济拮据之际，他甚至要计算好出门坐车的钱，他的广场恐惧症与此不无关系。金钱也困扰着精神分析，从宏观上讲，金钱（在资本的意义上）一直威胁着精神分析，让它随时有丧失本质的危险。在如今这个超级信息化的时代，在所谓的第四次工业浪潮之下，这种威胁有增无减。那么，真正的精神分析同道们，我们该如何应对呢？从微观上讲，金钱（在工作必须得到报酬的意义上）又与精神分析临床工作效果紧密相连，但这不是说付费越多，效果越好。付费是工作的一部分，但不能成为工作的障碍。我们如何收取来访者的费用，而来访者又如何付出合适的费用？厄内斯特·兰策从老鼠（Ratten）联想到分期付款（Raten）[1]，这不是简单的关于金钱的个例，只不过是在鼠人这里表现得更明显。金钱与精神分析的关系，绝对不简单。

阿夫纳拉先生的这一系列作品，每本单独成书，又具有内在的一致性。在《倾听时刻：精神分析室里的孩子》中，作者更多地谈到儿童精神分析实践，但也多次提到文学作品帮助他理解了来访者的内心世界及精神分析的理论概念，包括福尔摩斯对作者的帮助。在《房子：当无意识在场》一书中，作者不仅讨论了很多现实中的建筑，更是再次借助文学与艺术作品讨论了房子的无意识形成。《福尔摩斯与无意识侦探》自不必说，从阿夫纳拉先生的解读中，我们能明白，文学中的侦探正是精神分析家的异域同行。《金钱：从左拉到精神分析》从作家的生平与创作开始，讨论到精神分析当中非常现实的费用问题，让我们明白，精神分析并不是不食人间烟火，而是贴近并触摸着我们生活的每一天。文学与艺术是精神分析的开

1　（奥）弗洛伊德：《鼠人》，林怡青、许欣伟译，社会科学文献出版社，2015年，第76页。

路人。阅读阿夫纳拉先生的这些作品，也是在文学之旅中细品精神分析的真谛。

感谢史淑云女士帮助我们对此书进行了初步校对，感谢乔菁女士对此书进行的最后审校，也感谢吴晓妮编辑与叶子编辑为这一系列书籍的出版所做的精心细致的工作。冬至过后，白日渐长；寒冷依然，但终究挡不住春天的到来。祝愿大家元旦快乐！虎年顺利！

姜余、严和来于南京

2021 年岁末

我思，我读，我在

Cogito, Lego, Sum